电梯工程施工质量验收
规范实施指南

陈凤旺 主编

中国建筑工业出版社

图书在版编目（CIP）数据

电梯工程施工质量验收规范实施指南/陈凤旺主编.
北京：中国建筑工业出版社，2003
ISBN 7-112-05907-0

Ⅰ.电… Ⅱ.陈… Ⅲ.电梯—安装—工程验收—规范—中国—指南 Ⅳ.TU857—62

中国版本图书馆 CIP 数据核字(2003)第 053168 号

电梯工程施工质量验收
规范实施指南

陈凤旺　主编

*

中国建筑工业出版社出版、发行(北京西郊百万庄)
新华书店经销

*

开本：850×1168 毫米　1/32　印张：8½　字数：230 千字
2003 年 7 月第一版　2003 年 7 月第一次印刷
印数：1—8000 册　定价：**20.00** 元
ISBN 7-112-05907-0
TU·5185(11546)

版权所有　翻印必究
如有印装质量问题，可寄本社退换
(邮政编码：100037)

本社网址：http//www.china.abp.com.cn
网上书店：http//www.china.building.com.cn

本书共分九章,内容主要包括:总则、术语、基本规定、电力驱动的曳引式或强制式电梯安装工程质量验收、液压电梯安装工程质量验收、自动扶梯、自动人行道安装工程质量验收、分部(子分部)工程质量验收、强制性条文、附录A~E验收记录表,另外附录部分还包括了《电梯工程施工质量验收规范》GB 50310-2002、《电梯工程施工质量验收规范》GB 50310-2002第一版第一、二次印刷勘误表、验收记录推荐样等内容。

＊　＊　＊

责任编辑　常　燕　周艳明

电梯工程施工质量验收规范实施指南
GB 50310—2002

主　　审：卫　明、吴松勤
副 主 审：朱之坪、陈国丰、万健如
审查委员：彭克荣、顾　鑫、赵光瀛、何爱春、王兴琪、武春来、
　　　　　丁毅敏、张桂竹、陆棕桦、钱大治、冯　磊

主　　编：陈凤旺
参编人员：陈凤旺、严　涛、陈化平、蔡金泉、魏山虎、曾健智、
　　　　　陈路阳、陈秋丰、韩　林、王启文、张晓松、谢之超、
　　　　　苏　利

前　言

《电梯工程施工质量验收规范》经过中华人民共和国建设部和国家质量监督检验检疫总局联合会审，已批准为强制性国家标准，编号为 GB 50310—2002，于 2002 年 4 月 1 日发布，自 2002 年 6 月 1 日起实施。

为了使广大工程技术人员尽快理解和贯彻《电梯工程施工质量验收规范》GB 50310—2002（以下简称本规范），根据建设部 2001 年 11 月 2~5 日在广州组织召开的"建筑工程质量验收系列规范第五次工作会议"的要求，在建设部标准定额司和本规范编制单位中国建筑科学研究院建筑机械化研究分院、国家电梯质量监督检验中心、中国迅达电梯有限公司、天津奥的斯电梯有限公司、广州日立电梯有限公司、沈阳东芝电梯有限公司、苏州江南电梯有限公司、华升富士达电梯有限公司、大连星玛电梯有限公司的大力支持和帮助下，本规范编制组组织编写了《电梯工程施工质量验收规范实施指南》（以下简称《实施指南》），《实施指南》编写组的成员绝大部分由本规范编制组的成员组成。

《实施指南》主要分为四个部分：第一部分是综述，对本规范的主要演变过程、制订背景、编制原则、编制过程及特点进行了系统介绍，以便读者能更好地了解掌握本规范；第二部分是第 1~7、9 章，第 1~7 章按本规范的章节顺序，从【释义】和【检查】两方面对每一条文中的内容进行系统的讲解论述，第 9 章对本规范附录 A~E 进行了说明；第三部分是第 8 章，为本规范强制性条文实施指南，对本规范强制性条文进行了详细的阐述，该部分根据建设部 2002 年 5 月 18~19 日在成都组织召开的"建筑工程质量验收系列规范负责人会议"（以下简称成都会议）上的体例要求，除第二部分的【释义】和【检查】内容外，还增加了【措施】和【判定】；第四部分是附录，附录一指出了《电梯工程施工质量验收规范》GB 50310-2002 第一版第 1、2 次印刷错误勘误表。附录二是根据建设部成都会议纪要要求，在本规范附录 A~E 基础上，提供了验收记录推荐样表，以便监理、施工、监督等单位的技术人员借鉴参考。附录三列出了主要参考文献。

值得说明的是：第二部分及第三部分中的【措施】或【检查】中的内容只是提供了达到条文规定确实可行的一种(或几种)措施或检验方法，不能认为是唯一的。

在《实施指南》编写过程中，华升富士达电梯有限公司毛玉峰、王强、王芳也给与了一定的帮助，在此表示感谢。

由于时间仓促及限于编写人员的水平和经验，不妥之处，敬请读者指正。

作者

目 录

综述 ··· 1
1 总则 ··· 17
2 术语 ··· 21
3 基本规定 ··· 23
4 电力驱动的曳引式或强制式电梯安装工程质量验收 ············ 31
 4.1 设备进场验收 ··· 31
 4.2 土建交接检验 ··· 35
 4.3 驱动主机 ·· 49
 4.4 导轨 ··· 55
 4.5 门系统 ·· 61
 4.6 轿厢 ··· 65
 4.7 对重(平衡重) ·· 67
 4.8 安全部件 ·· 68
 4.9 悬挂装置、随行电缆、补偿装置 ······························· 71
 4.10 电气装置 ·· 75
 4.11 整机安装验收 ··· 82
5 液压电梯安装工程质量验收 ··· 103
 5.1 设备进场验收 ·· 103
 5.2 土建交接检验 ·· 105
 5.3 液压系统 ··· 106
 5.4 导轨 ·· 109
 5.5 门系统 ··· 109
 5.6 轿厢 ·· 109
 5.7 平衡重 ··· 110
 5.8 安全部件 ··· 110
 5.9 悬挂装置、随行电缆 ·· 111

5.10　电气装置 …………………………………………… 113
　　5.11　整机安装验收 ………………………………………… 113
6　自动扶梯、自动人行道安装工程质量验收 ………………… 131
　　6.1　设备进场验收 ………………………………………… 131
　　6.2　土建交接检验 ………………………………………… 134
　　6.3　整机安装验收 ………………………………………… 138
7　分部(子分部)工程质量验收 ………………………………… 155
8　强制性条文 …………………………………………………… 159
9　附录 A～E 验收记录表 ……………………………………… 185
附录一　《电梯工程施工质量验收规范》
　　　　 GB 50310-2002 …………………………………… 187
附录二　《电梯工程施工质量验收规范》GB 50310-2002
　　　　 第一版第一、二次印刷勘误表 …………………… 237
附录三　验收记录推荐样表 …………………………………… 239
附录四　主要参考文献 ………………………………………… 263

综 述

1 本规范制订背景

我国施工规范的建立和发展与工程技术的进步、实践经验的提高和社会对工程质量要求的提高密切相关。

1.1 社会发展的需要

自50年代以来，施工及验收规范和质量检验评定标准，经历了由计划经济向市场经济转变的过程。从1985年开始修订质量检验评定标准，调研、确定编制指导思想，至今已近20年的时间，期间标准使用环境已发生了很大变化。原标准修订的社会背景是改革开放初期，还是计划经济时期，管理上的指导思想是政企不分，共同搞工程质量，贯彻、实施全过程一管到底，由于不同使用对象站在不同的利益角度，执行条款的定位也就不同，不利于责、权、利的落实，与市场经济体制不适应，影响了工程质量的管理工作。目前我国经济建设有了很大发展，市场经济逐步形成，原施工及验收规范和质量检验评定标准的体系及内容已跟不上社会发展的需要，不利于工程质量责任的落实和监督机制的形成。

1.2 工程技术发展的需要

由于建筑工程技术及建筑设备、材料的飞速发展，新技术、新结构的广泛应用，原施工及验收规范和质量检验评定标准不论从技术上、内容上、方法上都无法适应工程技术的需要，使得有些建筑工程验收、质量评定处于无标准可遵循的状况。

就电梯安装工程而言，原《电梯安装工程质量检验评定标准》GBJ 310-1988和原《电气装置安装工程 电梯电气装置施工及验收规范》GB 50182—1993 分别是 1988 年、1993 年修订,而我国电梯行业自 90 年代飞速发展,他们中的有些内容已不适合当前的电梯安装工程。另外由于原 GBJ 310－1988 和 GB 50182—1993 只适用于额定速度不大于 2.5m/s 电力拖动的用绳轮曳引驱动的各类电梯,而对于额定速度大于 2.5m/s 的电梯安装工程及液压电梯、自动扶梯和自动人行道子分部安装工程质量没有验收标准可循。

1.3 与相关标准不协调

原质量检验评定标准修订的原则之一是与相应的施工及验收规范配合使用,因此内容交叉较多。具体执行时施工单位按照施工类规范进行施工,质量监督机构按照质量检验评定标准进行评定,两类标准的修订工作不同步,如电梯安装工程的检验评定标准与施工及验收规范就相差 5 年,施工及验收规范修订后的内容有很大的改动,检验评定标准修订工作的滞后,使得他们之间有些内容相互矛盾。随着新技术的日益发展,执行中交叉多矛盾多的现象越来越明显,影响了有关规范的全面贯彻执行。由于很难做到同步修订、协调一致,因此如不从根本上采取措施,这个矛盾是不能彻底解决的。

另外由于原 GBJ 310－1988 和 GB 50182—1993 是在 70 年代和 80 年代初相关标准的基础上修订完成,其部分内容与 1995 年修订的电梯主标准 GB 7588 不协调,影响了安装工程的顺利进行。

1.4 贯彻国务院《建设工程质量管理条例》

国务院 2000 年 1 月 30 日发布了《建设工程质量管理条例》(以下简称《条例》),是建国以来最高形式的工程质量管理法规。

《条例》规定了建设单位、勘察单位、设计单位、施工单位、工程监理单位依法对建设工程质量负责,并对上述参加建设活动各方的质量责任和义务分别进行了规定。对施工图审查制度、强制性标准执行情况监督检查进行了创新规定。强调建设工程过程的过程控制,施工单位施工前应建立健全的施工方案、操作工艺；必须对建筑材料、建筑构配件和设备进行进场验收和检查，不经过监理工程师签字认可，不得用于工程；施工过程中不符合程序和不符合质量要求的工序应随时发现，随时纠正，加强工序质量的检查验收，上道工序不经监理工程师认可签字验收，不得进行下道工序。惩则对违反《条例》规定的责任主体做出了惩罚规定。

贯彻《条例》需要通过标准规范的制订来进一步细化和落实，使技术人员、管理人员在建设活动中按照标准规范执行，达到保障工程质量的目的。

1.5 满足广大人民群众的根本利益

制订标准规范的精髓是"有关各方协调一致，共同确认"。建筑工程既涉及到从事建设活动的责任主体，还涉及到政府管理部门和广大人民群众，各方利益的均衡才能达到最佳的建设活动秩序和获得最佳的经济效益。随着社会经济发展和人民生活水平的提高，在规范中要实现的各方利益中首先要满足广大人民群众的根本利益，特别是涉及到"安全、人体健康、环境保护"等方面的内容，应严格要求，这些需要在新的标准规范中体现出来。

1.6 加入WTO与国际接轨

质量标准通常被认为是市场经济的通用语言，ISO对此专门制订了ISO9000标准，在许多国家开展认证。ISO将质量定义为一组固有特性满足要求的程度，特性指可区分的特征，如物理的、感官的、行为的、时间的、人体工效的、功能的，它重点强调在某事或某物中本来就有的，尤其是那种永久的特性。对工程质量也是如此，而在我们以往的施工规范中，对特征要求少，验评标准把工程质量分为合格、优良，多以外观来区分，反映固有的特性内容也较少。在国际上工程质量验收结果多是合格(通过)或不合格(不通过)，没有用等级来划分，我国已加入WTO，工程质量标准应考虑与国际接轨。

加入WTO后，作为贸易三大技术壁垒：技术法规、技术标准和合格评定都直接涉及到标准规范的编制和执行。世界贸易组织 WTO 的《贸易技术壁垒 TBT 协定》对技术法规、技术标准和合格评定的制订和执行不应造成贸易障碍作了规定，同时也对标准化程序、制度提出了要求，因此制订我国标准规范时既要遵守国际协定，还要肩负保护民族工业的责任。

2 本规范演变过程

新中国成立后，我国工程建设标准规范是在借鉴原苏联规范体系、内容的基础上逐步发展起来的，经历了从无到有、从不统一到统一、从不完善到完善逐步的发展过程。

2.1 电梯安装工程质量检验评定标准

1966 年 5 月由原建筑工程部批准试行的《建筑安装工程质量检验评定标准》(试行)GBJ 22—1966，只有 16 个分项，每个分项分为"质量要求"、"检验方法"和"质量评定"三个部分，当时的 16 个分项中没有电梯安装工程的相关内容。

1974 年 6 月，为了统一建筑安装工程质量检验评定方法，进一步提高工程质量，多快好省地完成基本建设任务，原国家基本建设委员会(以下简称原国家建委)颁发了重新修订的《建筑安装工程质量检验评定标准》TJ 301—1974，内容较 1966 年的标准有了较大的变化，涉及的 10 个分部工程单独成册。原国家建委施工管理局组织各有关部门编审的《建筑安装工程质量检验评定标准——通用机械设备安装工程》TJ 305—1975 中增加了"电梯安装工程"质量评定的规定，自 1975 年 12 月 1 日起试行。TJ 305—1975 中电梯安装被定义为分部工程"通用机械设备安装工程"中的分项工程，作为第 11 章"电梯安装"。它适用于乘客电梯、病床电梯、载货电梯和小型杂物电梯的安装，检查数量按一个建筑物内电梯的台数抽查 30%，但不得少于 1 台。分项工程通过主要项目、一般项目和有允许偏差的项目来检验评定其质量等级，合格应符合下列要求：主要项目(即标准中采用"必须"、"不得"用词的条文)均必须全部符合该标准的规定；一般项目

(即标准中采用"应"、"不应"用词的条文)均应基本符合本标准的规定;有允许偏差的项目,其中关键项和其他项均达到本标准的规定者。优良是在合格的基础上,有允许偏差的项目中的关键项(即条文中采用"不得"用词的允许偏差和表格下注明者)有50%及其以上达到小于该标准的规定者。

1979年原国家建委(79)建发施字第168号文和原城乡建设环境保护部以(85)城科字第293号通知下达了质量验评标准的修订任务,由原城乡建设环境保护部组织,修订工作从1985年9月开始至1987年7月基本完成。根据全国审查会议决定,将《建筑安装工程质量检验评定标准》中的"总说明"部分单独作为标准,定名为《建筑安装工程质量检验评定统一标准》GBJ 300-1988,并与建筑工程、建筑采暖卫生和煤气工程、建筑电气安装工程、通风与空调工程和电梯安装工程5个评定标准组成一个建筑安装工程质量检验评定标准系列。其中之一的《电梯安装工程质量检验评定标准》GBJ 310-1988由北京设备安装工程公司组织在《建筑安装工程质量检验评定标准——建筑机械设备安装工程》TJ 305—1975中的"电梯安装"章节的基础上修订而成。GBJ 310共有二章六节45条,对TJ 305有关"电梯安装"的内容作了较大的补充和修改,新增加了35条,并对"安全运行"、"使用功能"及"外观质量"作了要求。根据《建筑安装工程质量检验评定统一标准》的规定,GBJ 310又将分项工程划为"保证项目"、"基本项目"和"允许偏差项目",同时在"基本项目"中又规定了"合格"、"优良"两个质量等级要求。其主要指标和要求是根据《机械设备安装工程施工及验收规范》第四册 TJ 231(四)—1978中的"电梯安装"和《电气装置安装工程施工及验收规范》GBJ 232—1982中的第九篇"电梯电气装置篇"的规定提出。适用于额定载重量小于等于5000kg、额定速度小于等于3m/s各类国产曳引驱动的电梯安装工程。

2.2 电梯安装工程施工与验收规范

随着我国社会主义革命和建设事业的蓬勃发展,广大群众的不断革新创造,机械设备及其安装的新技术、新工艺、新材料不断涌现,原国家建委(72)建设施字第135号文布置,由第一机械工业部组织了《机械设备安装工程施工及验收规范》GBJ 2—1963的修订工作,这次修订经原国家建委同意,采用分册的方式印行。由第一机械工业部组织北京起重运输机械研究所等有关单位修订《机械设备安装工程施工及验收规范》第四册《起重设备、电梯、连续运输设备安装》,编号为TJ 231(四)—1978,原国家建委以(78)建发施字240号文发布了试行通知,自1978年12月1日起试行。TJ 231(四)—1978中第二篇为电梯安装,该篇适用于额定载重量小于等于5000kg、额定速度小于等于3m/s电力拖动的、用驱绳轮曳引装置的各类电梯。当时国内按额定速度TJ 231(四)将电梯分为下列三类:甲类(简称高速梯)为2、2.5、3m/s的电梯;乙类为(简称快速梯)1.5、1.75m/s的电梯;丙类(简称低速梯)为0.25、0.5、0.75、1m/s的电梯。除甲、乙、丙外,尚有交、直流及客、货、杂等区分。执行中可按电梯实际用途和类别进行施工、检查和验收。

根据原国家建委(75)建施技字147号文和(78)建发施字112号文的安排,由水利电力部和浙江省建委会同有关单位,对原国家建委1956年批准的《建筑安装工程施工及验收暂行技术规范》第十三篇电气安装工程及1963年水利电力部批准的《电力建设施工及验收暂行技术规范》电气装置篇进行了全面的修订。修订后的《电气装置安装工程施工及验收规范》GBJ 232—1982适用于工业与民用电气装置安装工程的施工及验收。新增加的第九篇"电梯电气装置篇",由当时的浙江省建委负责修订。该篇适用范围为电力拖动、驱绳轮曳引驱动的额定载重量小于等于5000kg、额定速度小于等于3m/s各类电梯安装工程施工与验收。

根据国家计委计综[1986]2630号文和建设部[1990]建标技字第4号文的要求,由能源部电力建设研究所会同有关单位对原国家标准《电气装置安装工程施工及验收规范》GBJ 232—1982中的第九篇"电梯电气装置篇"进行修订。修订后经过原国家技术监督局和建设部会审于1993年批准为强制性国家标准,名称为《电气装置安装工程 电梯电气装置施工及验收规范》,标准编号为GB 50182—1993,自1994年2月1日起施行。此规范适用于额定速度不大于2.5m/s电力拖动的用驱绳轮曳引驱动的各类电梯电气装置安装工程的施工及验收。

2.3 《电梯工程施工质量验收规范》

1997年建设部对工程施工及验收规范和工程施工质量检验评定标准的修订,提出了《关于对建筑工程质量验收规范编制的指导意见》以及"验评分离、强化验收、完善手段、过程控制"的十六字指导方针,对涉及到的14项施工及验收规范和7项施工质量检验评定标准从1998年开始陆续安排了修订。

建设部建标标[2000]58号文批准由中国建筑科学研究院建筑机械化研究分院组织编制国家标准《电梯安装工程质量验收规范》,并将此计划列入了工程建设标准国家标准制(修)订计划,在建设部建标[2000]87号"关于印发《2000年至2001年度工程建设国家标准修订、制订计划》的通知"中发布,此通知下达了对《电梯安装工程质量检验评定标准》GBJ 310 - 1988进行修订的任务,并且根据建设部要求及"十六字"方针将《电气装置安装工程 电梯电气装置施工及验收规范》GB 50182—1993中可采纳的验收条款内容修订在新规范中。2001年9月上旬编制组完成了《电梯安装工程质量验收规范》报批稿,9月中旬报请主管部门审批。为了更好地反映工程建设标准规范的特点,使得其名称和内容相一致,以及与建设部组织的建筑工程施工质量验收系列规范中的其他规范的名称相统一,经有关主管部门会审批准,将该规范的名称由《电梯安装工程质量验收规范》改为《电梯工程施工质量验收规范》。2002年4月5日,建设部以建标[2002]80号文件,发布了批准国家标准《电梯工程施工质量验收规范》(以下简称本规范)的通知,编号为GB 50310—2002,于2002年4月1日发布,自2002年6月1日起施行,原《电梯安装工程质量检验评定标准》GBJ 310—1988、《电气装置安装工程 电梯电气装置施工及验收规范》GB 50182—1993同时废止。

3 主要编制原则

3.1 "十六字"为指导方针

建设部提出的"验评分离、强化验收、完善手段、过程控制"十六字(以下简称"十六字")方针宗旨是将有关房屋工程的施工及验收规范与质量检验评定标准合并，组成新的工程质量验收规范，实际上是工程技术标准体系的改革，体现了工程技术标准化工作由社会主义计划经济向社会主义市场经济的转变，创建适合于我国市场经济体制的工程技术标准体系，建立房屋工程质量的验收方法、程序和质量指标。

3.1.1 验评分离

对电梯安装工程是将质量检验评定标准《电梯安装工程质量检验评定标准》GBJ 310－1988(以下简称 GBJ 310)中质量检验和质量评定的内容分开，把施工及验收规范《电气装置安装工程 电梯电气装置施工及验收规范》GB 50182－1993(以下简称 GB 50182)中质量验收和施工工艺内容分开，将可采纳的验评标准GBJ 310 中质量检验内容与施工及验收规范 GB 50182 中质量验收内容衔接，经修改、补充、完善形成本规范的相应条款。当然这只是对曳引电梯子分部工程而言，对于电力驱动的强制式电梯、液压电梯及自动扶梯和自动人行道子分部工程需要制订。

GBJ 310 中质量评定的内容主要是对单位操作工艺水平进行评价，可修订为电梯行业推荐性标准，通过政府认可来实施，为社会给电梯安装单位的创优评价提供依据。而 GB 50182 中的施工工艺部分，经修订可作为企业标准，也可作为行业推荐性标准。

3.1.2 强化验收

突出电梯安装工程质量验收项目，增加检验项目的数量，尤

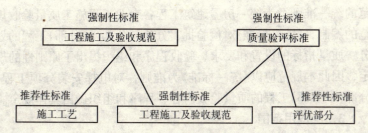

图 0.1 验评分离、强化验收示意图

其是涉及到电梯安装工程的质量、安全及环境保护等方面的要求,以主控项目列出。本规范不设"优良"等级,质量等级只分为"合格"和"不合格",其规定的质量指标都必须达到合格。

本规范不应包括安装技术指南(手册)、施工工艺、方法、操作步骤等方面的内容,以免冲击强制性内容,对于安装技术也只作原则性要求,不作具体限定,以适应电梯安装技术迅速发展的要求。

3.1.3 完善手段

完善设备进场验收、土建交接检验、分项工程检验及整机检测项目,明确电梯安装工程质量验收检验项目的质量指标、条件、内容,增加质量指标的定量规定,进一步提高各条款的科学性、可操作性,减少人为因素的干扰和观感评价的影响。

3.1.4 过程控制

过程控制是指电梯安装工程中全过程质量合格控制,施工时电梯安装单位内部对分项工程进行自检,上一道工序没有验收合格就不能进行下一道工序,从而保证安装工程质量。过程控制体现在建立过程控制的各项制度、强调中间交接控制和合格控制、分项和分(子)部验收程序控制,是对电梯安装单位施工现场的质量管理、设备进场验收、土建交接检验、分项工程自检等每一环节的质量控制。

3.2 《建筑工程施工质量验收统一标准》为准则

《建筑工程施工质量验收统一标准》GB 50300—2002(以下简称《统一标准》)规定了房屋建筑工程各专业工程施工质量验收规

范的统一准则。为统一房屋建筑工程各专业工程施工质量验收规范的编制，《统一标准》对检验批、分项、分部(子分部)工程的划分、质量指标的设置和要求、验收程序和组织提出了原则性的规定，因此本规范应以《统一标准》为准则，对电梯安装分项工程、分部(子分部)工程的质量验收内容、程序和组织做出具体规定。

3.3 适用范围

根据《统一标准》对电梯工程分部(子分部)划分以及电梯安装工程的特点，本规范适用于电力驱动的曳引式或强制式电梯、液压电梯及自动扶梯和自动人行道三个子分部工程。

3.4 与相关标准协调一致

本规范重点技术内容的主要依据是：电力驱动的曳引式或强制式电梯子分部工程主要依据《电梯制造与安装安全规范》GB 7588-1995，同时还参考了 EN81-1：1998；液压电梯子分部工程，由于没有相应产品国家标准，因此主要依据《液压电梯制造与安装安全规范》EN81-2：1998；自动扶梯和自动人行道子分部工程主要依据《自动扶梯和自动人行道制造与安装安全规范》GB 16899-1997。

在编制过程中还注意与产品有关的内容和现行"强制性国家电梯产品标准"相应条款协调一致，以便将来顺利执行和发挥应有的作用。

3.5 考虑电梯安装工程技术发展

在确保电梯安装工程质量的前提下，考虑电梯安装工艺及电梯产品的技术进步，以使本规范能更好地反映电梯安装工程的质量。

4 主要编制过程

4.1 编制组成立暨第一次工作会议

根据建设部建标标[2000]58号文通知要求，由中国建筑科学研究院建筑机械化研究分院会同国家电梯质量监督检验中心以及电梯行业中在生产、安装、检验及验收等方面具有较强技术实力的、国内较大的几家电梯企业，共同编制本规范。编制组由10个单位，11名参编人员组成，于2000年9月24日至25日召开了编制组成立暨第一次工作会议。

4.2 完成征求意见稿

2000年10月10日至20日建设部在北京九华山庄集中组织编制，这期间完成了本规范征求意见初稿。集中编制结束后，编制组对征求意见初稿进行了详细的整理；每位编制组成员在各自单位征求意见；编制组又向全国电梯标准化技术委员会部分委员征求意见；对某些条款内容以专题形式进一步进行了研讨；经反复修改后于2001年2月初完成了本规范征求意见稿。

4.3 征求意见

4.3.1 征求意见稿研讨会

2001年2月13日至17日建设部在海口市泰华酒店召开"建筑工程质量验收系列规范"征求意见稿(设备安装部分)研讨会，本规范是这次研讨会的主要议题之一。来自全国各省市的建设管理部门、质检部门、施工企业等共160多个单位，与会人数达200多人，其中本规范编制组5人参加会议。始终参加本规范分组会议的同志达30多人，会议期间对本规范征求意见稿的条款按顺序逐一进行了研讨，与会编制人员对提出的问题进行了说明、解释，并对提出的建议作了详细的记录。会议结束后，对会议记录进行了详细的归纳、整理，并增加了每个意见和修改建议的理由及问题讨论等内容，形成了本规范征求意见稿海南会议的意见总结。

4.3.2 电梯行业内征求意见

根据建标标[2000]96号文，2001年2月26日编制组开始在电梯安装(施工)、生产等单位征求意见，共发出近30份征求意见函。由于《统一标准》是编制本规范的指导标准，因此为了提高征求意见的质量，使征求意见工作达到良好的效果，给征求意见单位寄去本规范征求意见稿的同时，还附上了《统一标准》报批稿初稿。4月上旬，反馈了意见的单位达50%以上，下旬对这些意见、建议及理由进行了详细的归纳、整理，形成了本规范征求意见稿电梯行业意见汇总。

4.4 完成送审稿

2001年6月12日—13日，在河北省廊坊市召开了"本规范编制组第四次工作会议"。此次会议本着"事无巨细，精益求精"的精神，把海南会议上和电梯行业内对本规范征求意见稿的意见、建议逐条进行了认真细致的讨论，不疏漏任何一个细节，结合本规范的编制原则，将可采纳的意见溶进本规范中去。同时还根据2001年3月11-14日建设部在苏州组织召开的"建筑工程质量验收系列规范"专题研讨会上的决定，对本规范的体例进行了调整，完成了本规范送审稿。

4.5 送审稿审查

2001年7月24～25日建设部在广州市召开了本规范送审稿审查会议。出席会议的有建设部标准定额司、建设部人事教育司的领导和电梯安装、质量监督、质量检测及教学科研等方面的专家共计18人，编制组全体成员也都出席了会议。经过讨论审查，审查委员会一致通过了送审稿和强制性条文。

4.6 完成报批稿、报批及发布

2001年7月26日，编制组召开了第五次工作会议，会上编制组全体成员对审查会议专家和领导的意见、建议非常重视，经认真讨论研究，对本规范送审稿按审查意见进行了修改。

8月8日将本规范报批稿初稿寄给每位审查委员和领导再次审阅及每位编制组成员再次自审。截止到8月31日，四位审查专家和领导及三位编制组成员对报批稿初稿提出了几点修改建议，根据他们的建议，编制组通过部分成员集中或电话、传真等形式又进行了认真讨论、研讨，同时又征求了部分审查专家意见后，于2001年9月上旬形成了本规范报批稿。2001年9月中旬报请主管部门审批。

经有关主管部门会审批准，本规范名称为《电梯工程施工质量验收规范》,编号为 GB 50310—2002,于 2002 年 4 月 1 日发布,自 2002 年 6 月 1 日起施行,原《电梯安装工程质量检验评定标准》GBJ 310—1988、《电气装置安装工程 电梯电气装置施工及验收规范》GB 50182—1993 同时废止。

5 本规范的特点

5.1 为《条例》配套的标准规范之一

建设部组织编制的 14 个施工质量验收系列规范,《建筑工程施工质量验收统一标准》GB 50300－2001、《地基与基础工程施工质量验收规范》GB 50202－2002、《砌体工程施工质量验收规范》GB 50203－2002、《混凝土结构工程施工质量验收规范》GB 50204－2002、《钢结构工程施工质量验收规范》GB 50205－2002、《木结构工程施工质量验收规范》GB 50206－2002、《屋面工程施工质量验收规范》GB 50207－2002、《地下防水工程施工质量验收规范》GB 50208－2002、《建筑地面工程施工质量验收规范》GB 50209－2002、《建筑装饰装修工程施工质量验收规范》GB 50210－2001、《建筑给水排水与采暖工程施工质量验收规范》GB 50242－2002、《通风与空调工程施工质量验收规范》GB 50243－2002、《建筑电气工程施工质量验收规范》GB 50303－2002、《电梯工程施工质量验收规范》GB 50310－2002,是为《条例》配套的标准规范,是《条例》惩则的依据。

5.2 强化施工过程中的检验验收

本规范与原 GB 310 和 GB 50182 相比,强调了施工过程中的检验验收。旧标准规范的指导思想是要求企业按照这个规范去做,做完了,对工程也就认可,就象体育运动,它起着教练员、管理者、裁判三重作用,导致参与建设活动各方职责不清。随着社会的发展,政府对质量监督管理的定位,应当是监督者、裁判员,以保护人民安全、健康、利益为目的,建立良好工程建设秩序。至于如何具体施工操作,采用什么样的施工工艺方法、措施，由施工企业自己来掌握，也是企业参与市场竞争的法宝。这样在同一规范下，促进企业采用先进的技术、方法，降低造价。在市场经济中，先进的企业会生存，落后的企业就会被淘汰。

5.3 电梯安装工程质量的最低质量标准

本规范与原 GBJ 310 相比，仅规定合格指标，取消了优良指标。旧标准 GBJ 310，主要是针对质量监督机构检验评定电梯安装工程。本规范是电梯安装工程质量的最低要求，质量指标只有"合格"或"不合格"，强调参与建设工程活动各方，对电梯安装工程质量的判定和认同，使得大家站在同一水准上，用同一尺度去衡量。参加建设活动各方都可以根据本规范来鉴定电梯安装工程质量是否合格，验收的结果也只有一个，要么合格，要么不合格。本规范不仅是施工单位必须达到的施工质量指标，也是监理单位(建设单位)验收工程质量所必须遵守的规定，同时也是工程质量监督机构解决施工质量纠纷时仲裁的依据。

5.4 扩大了适用范围

本规范适用于电力驱动的曳引式或强制式电梯、液压电梯及自动扶梯和自动人行道三个子分部安装工程质量验收。与原 GBJ 310 和 GB 50182 相比增加了电力驱动的强制式电梯、液压电梯及自动扶梯和自动人行道部分安装工程质量验收，同时取消了对电力驱动的曳引式电梯额定速度、额定载重量的限制。

5.5 强调施工过程控制

本规范增加了安装单位施工现场的质量管理要求，强调电梯安装工程施工过程中的监督管理，通过对施工过程中质量的验收来控制工程质量，在施工过程中每一道工序只有经过验收合格后，才能进行下一道工序。

5.6 落实建筑施工过程中的质量责任

本规范对每个分项工程由谁负责施工、什么时间来完成，哪个监理工程师(建设单位项目技术负责人)验收合格的，以及子分部(分部)工程哪个总监理工程师(建设单位项目负责人)验收合格的等等，都明确记录在案。另外，还增加了设备进场验收、土建交接检验的规定，以便能够及时发现问题，解决问题，它们是保证电梯安装工程质量的重要环节，也便于将参与建设活动单位的质量责任落到了实处。

5.7 可操作性相对提高

原检验评定标准中质量合格指标的设置定性较多，观感评定较多，检测手段较少，特别是优良工程的评定容易受人为主观因素的影响，操作起来差别较大。本规范增加了检验项目数量，明确检验条件、内容及指标，增加定量规定，并且根据其对电梯安装工程质量、安全、环境保护方面所起作用的程度，分成主控项目和一般项目，还规定了电梯安装工程验收程序、记录方式等内容，因此与原检验评定标准相比，可操作性得到提高。

5.8 适当考虑了电梯新技术发展

对电梯新的安装工艺和产品(如锚栓联接，无机房电梯等)作了相应规定，以促进电梯安装工程新技术的发展及应用。

1 总 则

1.0.1 为了加强建筑工程质量管理，统一电梯安装工程施工质量的验收，保证工程质量，制订本规范。

【释义】

电梯是重要的建筑设备，电梯产品以零部件形式出厂，其总装配是在施工现场完成的，因此电梯产品的最终质量不但取决于设计制造，而且取决于安装调试。电梯安装工程不但有电梯零部件之间的衔接问题，而且有电梯零部件与土建结构之间的衔接问题，与建筑工程的协调工作量很大，是建筑工程的组成部分。随着先进技术在电梯产品上的广泛应用，对施工质量的要求越来越高。电梯安装工程质量对于提高工程的整体质量水平至关重要。

由于电梯安装工程技术的发展、电梯产品标准的修订及工程标准体系的改革，原有的电梯安装工程标准《电梯安装工程质量检验评定标准》GBJ 310-1988、《电气装置安装工程 电梯电气装置施工及验收规范》GB 50182-1993已不能满足电梯安装工程的需要。另外，对于液压电梯子分部工程及自动扶梯、自动人行道子分部工程还没有制订安装工程质量验收依据，因此本规范的制订，在保证和提高工程的整体质量、减少质量纠纷、统一电梯安装工程施工质量验收依据等方面均具有重要意义。

另外本规范是建设部组织编制的为《建设工程质量管理条例》配套的14项"建筑工程施工质量验收系列规范"之一，是保证建筑工程整体质量的重要组成部分。本规范将使《建设工程质量管理条例》的规定得到技术支持，将参与电梯工程建设的土建施工单位、电梯安装施工单位、监理单位、建设单位的质量责任落到实处。

1.0.2 本规范适用于电力驱动的曳引式或强制式电梯、液压电梯、自动扶梯和自动人行道安装工程质量的验收；本规范不适用于杂物电梯安装工程质量的验收。

【释义】

原《电梯安装工程质量检验评定标准》GBJ 310-1988适用于额定载重量小于等于5000kg、额定速度小于等于3m/s各类国产电力驱动的曳引式电梯安装工程。原《电气装置安装工程 电梯电气装置施工及验收规范》GB 50182—1993适用于额定速度不大于2.5m/s电力驱动的曳引式的各类电梯电气装置安装工程的施工及验收。

根据电梯安装工程的需要和《统一标准》对电梯分部工程的子分部工程的划分，本规范制订了电力驱动的曳引式或强制式电梯、液压电梯、自动扶梯和自动人行道安装工程质量的验收规定。在充分考虑额定速度、额定载重量对电梯安装工程影响的基础上，本规范取消了对额定速度、额定载重量的限制，另外90年代以来，通过国内国际交流，我国电梯行业发展很快，也取消了对国产曳引驱动的电梯安装工程限制。

由于杂物电梯安装工程与电力驱动的曳引式或强制式电梯、液压电梯安装工程相比，安装施工比较简单、安全要求不同，因此本规范的编制不包括杂物电梯安装工程。

1.0.3 本规范应与国家标准《建筑工程施工质量验收统一标准》GB 50300-2001配套使用。

【释义】

《统一标准》GB 50300-2001规定了房屋建筑各专业工程施工质量验收规范的统一准则，电梯分部工程是房屋建筑单位工程的重要组成部分，因此它是本规范编制过程中的指导标准。根据《统一标准》规定的原则，本规范对电梯安装工程的分项工程、分部(子分部)工程的质量验收内容、程序和组织做出具体规定。在检验批、分项、分部(子分部)工程验收合格的基础上，按《统一标准》对单位(子单位)工程质量验收内容、程序和组织的规定，进行单位(子单位)工程质量验收，实际上"建筑工程施工质量验收系列规范"共同规范了一个单位(子单位)工程的质量验收。

1.0.4 本规范是对电梯安装工程质量的最低要求,所规定的项目都必须达到合格。

【释义】

强化验收是建设部提出的"十六字"方针的重要组成部分,强化要点就是只设合格一个质量等级,质量指标都必须达到规定指标,也就是必须达到合格。最低要求是相对于原 GBJ 310 的优良等级而言,是指保证工程质量最起码的要求,也就是合格质量的要求,电梯安装工程质量只有"合格"和"不合格"之分。

1.0.5 电梯安装工程质量验收除应执行本规范外,尚应符合现行有关国家标准的规定。

【释义】

电梯安装可以说是电梯产品设计、制造的延续,与产品质量有着密切关系,因此电梯安装的前提是供应商提供的电梯产品应是合格产品,应符合现行的国家产品标准 GB 7588 或 GB 16899 的规定。由于目前我国产品标准《液压电梯制造与安装安全规范》正在根据《Safety rule for the construction and installation of lifts—Part2: Hydraulic Lifts》EN81-2: 1998 编制,因此液压电梯产品可参考 EN81-2: 1998。

2 术 语

2.0.1 电梯安装工程 installation of lifts, escalators and passenger conveyors

电梯生产单位出厂后的产品,在施工现场装配成整机至交付使用的过程。

注:本规范中的"电梯"是指电力驱动的曳引式或强制式电梯、液压电梯、自动扶梯和自动人行道。

【释义】

电梯的特点是以零部件形式出厂,需要在现场装配完成整机,施工过程中需要与土建结构衔接,这就是电梯安装工程的含义。为了表达简洁,本规范的名称、前言、总则、第3章、第7章中"电梯"是广义概念,它是电力驱动的曳引式或强制式电梯、液压电梯、自动扶梯和自动人行道的总称。

2.0.2 电梯安装工程质量验收 acceptance of installation quality of lifts, escalators and passenger conveyors

电梯安装的各项工程在履行质量检验的基础上,由监理单位(或建设单位)、土建施工单位、安装单位等几方共同对安装工程的质量控制资料、隐蔽工程和施工检查记录等档案材料进行审查,对安装工程进行普查和整机运行考核,并对主控项目全验和一般项目抽验,根据本规范以书面形式对电梯安装工程质量的检验结果作出确认。

【释义】

本条术语参考了《统一标准》中第2.0.3条验收的定义,将参与建设活动的有关单位明确为监理单位(或建设单位)、土建施工单位、安装单位,由监理单位(或建设单位)组织相关单位进行电梯安装工程质量验收。

2.0.3 土建交接检验 handing over inspection of machine rooms and wells

电梯安装前,应由监理单位(或建设单位)、土建施工单位、安装单位共同对电梯井道和机房(如果有)按本规范的要求进行检查,对电梯安装条件作出确认。

【释义】

本条术语参考了《统一标准》中第2.0.8条交接检验的定义,土建结构是电梯安装的基础,其工程质量直接影响电梯安装工程的质量。为了贯彻《条例》的精神,根据"十六字"方针的过程控制及《统一标准》的要求,增加了土建交接检验的定义,并在电梯安装工程的每个子分部工程中增加了土建交接检验的规定。

3 基本规定

本章是新增内容,根据《统一标准》第3章基本规定的原则要求制订,目的将全过程质量控制思路贯穿整个规范。本章对电梯安装单位的施工现场质量管理体系提出要求,以保证国家标准和质量控制措施得到贯彻和落实;针对《统一标准》为完善施工质量的控制,提出的"三点制"(即:控制点、检查点、停止点)质量控制制度,对电梯安装工程施工质量的控制作出规定;同时也对电梯安装工程质量验收提出基本要求。

3.0.1 安装单位施工现场的质量管理应符合下列规定:

1. 具有完善的验收标准、安装工艺及施工操作规程。

【释义】

本款要求安装单位应具有完整、齐全的施工操作依据,即:企业技术标准,它可以是企业标准、安装工艺、施工操作规程等技术文件。

a)验收标准是指企业根据有关国家标准结合具体产品所编制的电梯安装工程质量验收依据、安装工程验收手册或企业标准。有关国家标准主要指:《电梯制造与安装安全规范》GB 7588、《自动扶梯和自动人行道的制造与安装安全规范》GB 16899、《电梯工程施工质量验收规范》GB 50310,由于液压电梯没有产品标准,因此在国家标准颁布之前可参考《液压电梯制造与安装安全规范》EN81-2。

企业的验收标准必须高于国家标准的要求,安装施工单位必须遵从企业标准要求实施电梯工程的安装、自检;监理单位(或建设单位)和质量管理部门对电梯安装工程的验收应按本规范的规定进行,或按合同约定,但不得低于本规范的要求。

b)安装工艺是指电梯生产企业为保证电梯部件的安装能达到

设计要求而编制的指导现场施工人员完成作业的技术文件，也可称为电梯安装手册、安装说明书、调试说明等技术文件。这些工艺文件应对所安装的电梯具有可操作性、能有效地指导安装工程施工并使之达到产品设计要求。关键项目应尽量给出量化指标，以便于指导操作和控制工程质量，例如，导轨架的联接安装，应确定导轨压板螺栓的紧固力矩，以避免因操作人员因素而造成安装质量参差不齐。

c)施工操作规程是指电梯安装施工过程中，为实现安装工艺要求和确保施工安全企业所制订的施工规则和程序。

施工规则应包括：

Ⅰ)施工现场的安全规程；

Ⅱ)施工现场管理；

Ⅲ)班前工作会议；

Ⅳ)起重设备、电焊机、工具设备等检修；

Ⅴ)脚手架、梯子、安全网等设备的牢固性、可靠性检查；

Ⅵ)电气工具设备的电击防护；

Ⅶ)电气设备的雷击防护；

Ⅷ)预留孔的防护盖检查；

Ⅸ)各分项工程施工前准备要求、注意事项等内容。

另外，施工操作规程还应包括特殊工序的施工操作人员的要求，这些施工人员必须经过专业技术培训并取得特殊工种操作证，持证上岗。例如电气焊工、电工等工种。所持操作证应是合格的，且应在有效期内。

【检查】

a)检查安装单位的验收标准(验收依据、安装工程验收手册或企业标准)，应齐全、完整。

b)检查安装单位的安装工艺(安装手册、安装说明书、调试说明等工艺文件)，应齐全、完整。

c)检查安装单位的操作规程、施工程序文件，应齐全、完整。

2. 具有健全的安装过程控制制度。

【释义】

电梯安装过程控制制度是指电梯安装单位为了实现过程控制所制定的上、下段工序之间质量检查验收的规程，应包括以下相关内容：

a)电梯安装施工人员应严格按照电梯安装工艺文件规定的施工程序进行电梯安装施工。

b)安装工序完成后施工人员应进行质量自检，并记录；分项工程完成后，由项目负责人填写电梯安装分项工程检查记录，并进行自检。

c)对检查中发现的不合格项目，应要求进行返修并限期完成，返修完成后经项目负责人复查合格后确认。上道工序没有验收合格前，不能进行下一道工序。

d)分项工程质量自检合格后，应报请监理工程师(或建设单位项目技术负责人)进行分项工程验收。

e)子分部工程质量自检合格后，应报请总监理工程师(或建设单位项目负责人)进行子分部工程质量验收。

【检查】

检查安装单位提供的"安装过程控制制度"文件，应齐全、完整。

3.0.2 电梯安装工程施工质量控制应符合下列规定：

1. 电梯安装前应按本规范进行土建交接检验，可按附录A表A记录。

【释义】

电梯设备安装于建筑物的土建结构上，土建结构是否符合电梯土建布置要求，将直接影响电梯设备能否安装以及安装质量能否达到产品设计标准要求，因此本款要求电梯安装前应对建筑物现场进行土建交接检验，检验应由监理工程师(建设单位项目技术负责人)负责组织安装单位项目负责人、土建施工单位项目负责人共同进行，应记录检验结果，并签字确认，记录可按本规范附录A表A进行，也可参照本实施指南的验收记录推荐样表进行。

【检查】

检查记录表，应有土建交接检验记录表，且内容完整、签字齐全。

2. 电梯安装前应按本规范进行电梯设备进场验收，可按附录B表B记录。

【释义】

电梯设备需在建筑物现场进行安装、调试，运抵现场的设备及指导设备进行安装、调试必要的技术文件必须齐备，因此本款要求电梯安装前应对提供到现场的设备进行进场验收，设备进场验收是保证安装工程顺利进行的必要程序，也是体现过程控制的必要手段。验收应由监理工程师(建设单位项目技术负责人)负责组织安装单位项目负责人、供应商代表共同进行，应记录查验结果，并签字确认，记录可按本规范附录B表B进行，也可参照本实施指南的验收记录推荐样表进行。

【检查】

检查记录表，应有设备进场验收记录表，且内容完整、签字齐全。

3. 电梯安装的各分项工程应按企业标准进行质量控制，每个分项工程应有自检记录。

【释义】

本款根据《统一标准》3.0.2条第2款"各工序应按施工技术标准进行质量控制，每道工序完成后、应进行检查"制订。电梯安装的分项工程经过若干工序施工完成，企业根据产品特点确定工序的多少、大小。本款强调电梯安装施工人员，在每道工序施工过程中应严格按企业标准要求进行施工，以保证分项工程质量。每道工序完成后施工人员应按本规范第3.0.1条1款要求的企业验收标准进行质量自检，并记录；分项工程完成后，由项目负责人按企业验收标准进行自检，并填写电梯安装分项工程检查记录。

各子分部工程分项工程的划分见本指南的验收记录推荐样表。

【检查】

检查自检记录，应齐全、完整。

3.0.3 电梯安装工程质量验收应符合下列规定：

1．参加安装工程施工和质量验收的人员应具备相应的资格。

【释义】

电梯产品是机、光、电一体化、技术含量较高、安全可靠性要求严格的运输设备，对参加工程施工的操作人员及质量验收人员应有相应的资格要求，是为了保证安装工程质量，减少安全事故。本款主要指以下几个方面：

a)安装工程施工的特殊工序操作人员必须经政府主管部门授权的、具有相应资质的单位所进行的专业技术培训，并获得相应资格证，持证上岗。如电焊证、气焊证、电工证。另外所持特殊工序操作证必须在审定有效期内。

b)现场管理人员及非特殊工序操作人员必须经相应的技能培训并取得合格资格，例如经企业培训合格，并获得合格证。

c)电梯安装质量验收人员应具备与电梯有关的专业理论和现场实践知识，并掌握相关的电梯国家标准知识，还应取得政府主管部门授权的、有资质的机构颁发的资格证书。资格证书应在审定有效期内。

【检查】

a)检查特殊工序操作人员的操作证，操作证上授予的工种应与其现场施工的特殊工序相符，操作证应在审定有效期内。

b)检查现场管理人员及非特殊工序操作人员，应具有专业培训合格证。

c)检查安装质量验收人员的资格证，应在审定有效期内。

2．承担有关安全性能检测的单位，必须具有相应资质。仪器设备应满足精度要求，并应在检定有效期内。

【释义】

本款为保证检测的数据可靠和结果的可比性，以及检测的规范性，确保检测准确。承担安全性能检测的单位，必须经过政府主管部门考核授权，取得相应资质，操作人员应持有上岗证，有必要的管理制度、检测程序及审核制度，有相应的检测方法标准，有相应的检测设备、仪器及条件。检测仪器、设备应通过计量认可，必须满足精度要求，并在检定有效期内。

【检查】

a)检查安全性能检测单位的资质证，主管部门授予的检测任务应与承担的检测任务相符。

b)检查仪器设备的精度应满足测量精度要求，并在检定有效期内。

3．分项工程质量验收均应在电梯安装单位自检合格的基础上进行。

【释义】

本款对分项工程质量验收程序作了原则性要求，即：先自检后验收。分项工程完成后，首先安装单位项目负责人组织施工人员按企业标准进行自检，并记录，然后在安装单位自检合格后，由监理工程师(或建设单位项目技术负责人)按本规范(或合同约定)检验、记录，可按本规范附录C表C进行填写记录，也可参照《实施指南》附录。

【检查】

检查分项工程自检记录表，应完整、齐全。

4．分项工程质量应分别按主控项目和一般项目检查验收。

【释义】

本款也是对分项工程质量验收程序作了原则性要求。因为主控项目和一般项目对分项工程质量起着决定性作用，主控项目和一般项目验收合格，是分项工程质量合格的前提，因此分项工程应分别按主控项目和一般项目检查验收。

【检查】

检查分项工程验收记录,应包括主控项目和一般项目。

5. 隐蔽工程应在电梯安装单位检查合格后,于隐蔽前通知有关单位检查验收,并形成验收文件。

【释义】

隐蔽工程因在隐蔽完工后难以再对隐蔽的结构进行质量检查,如有质量问题必留下危险隐患,应在隐蔽前进行质量检查确认。隐蔽工程应于隐蔽前,首先安装单位、土建施工单位项目负责人应对隐蔽工程进行自检,符合要求后,填好验收表格,记录自检数据及有关内容,然后通知监理工程师(或建设单位项目技术负责人)验收,并签字认可,形成验收文件,以备查。

例如:本规范第4.3.2条规定"当驱动主机承重梁需埋入承重墙时,埋入端长度应超过墙厚中心至少20mm,且支承长度不应小于75mm"。施工过程中,当承重梁埋入时,项目负责人应自检,符合要求后,填好验收表格,再由监理工程师(或建设单位项目技术负责人)进行检查验收,并签字认可,形成验收文件。上述完成后,施工人员才能按技术要求,对承重梁埋入端进行封堵。

【检查】

检查各隐蔽工程的验收文件,应完整、齐全,并应有监理工程师(或建设单位项目技术负责人)、土建施工单位项目负责人签字。

4 电力驱动的曳引式或强制式电梯安装工程质量验收

"曳引式或强制式"是电力驱动电梯的两种不同的驱动方式。曳引式电梯是靠提升轿厢的绳与电梯驱动主机驱动轮之间的摩擦力驱动的电梯,通常曳引式电梯的提升绳一端悬挂轿厢另一端悬挂对重,依靠曳引轮的绳槽与绳之间的摩擦力来驱动轿厢上、下运行;强制式电梯是指用链或钢丝绳悬吊的非摩擦方式驱动的电梯。强制驱动分为卷筒式和链轮式,靠钢丝绳或链条在卷筒或链轮卷入或卷出来驱动轿厢上、下运行,强制式电梯可设有平衡重。目前,强制式电梯很少生产,绝大部分电力拖动的电梯都是曳引式。

4.1 设备进场验收

设备进场验收是指电梯安装前,由电梯供应商、安装单位和监理(建设)单位共同对电梯零部件和随机文件的清点、检查和接收工作,是保证电梯安装工程质量的重要环节。全面、准确地进行设备进场验收能够及时发现问题,解决问题,为即将开始的电梯安装工程奠定良好的基础,同时设备进场验收也是实行过程控制的必要手段和在电梯安装过程中发生纠纷时判定责任的主要依据。

4.1.1 随机文件必须包括下列资料:
1. 土建布置图;
2. 产品出厂合格证;
3. 门锁装置、限速器、安全钳及缓冲器的型式试验证书复印件。

【释义】

随机文件是指电梯产品供应商移交给建设单位的文件。这些文件应针对所安装的电梯产品，应能够指导电梯安装人员顺利、准确地进行电梯安装作业，是保证电梯安装工程质量的基础。

1. 土建布置图

土建布置图是电梯生产厂家根据建设单位所购的电梯规格和建筑物中与电梯相关的土建结构(施工)进行设计绘制的、确定电梯与土建衔接配合的技术文件。它主要包括井道布置、机房布置、井道留孔及机房留孔位置等，以及对安装、承重部位土建结构及强度要求等内容。土建布置图是电梯安装工程的重要依据，应由电梯生产单位和建设单位共同盖章确认。

2. 产品出厂合格证

电梯产品有一定特殊性，出厂时并不是一件完整的产品，只有在建筑物中完成安装以后才能视为"成品"。可以说，电梯的生产经历了以下两个过程：其一在电梯生产厂内的部件生产；其二施工单位在现场装配成整机、完成调试。

本款要求的出厂合格证，是针对上述的第一个过程，应是电梯生产厂对建设单位购买的尚未安装的电梯提供生产质量合格的证明。由于有些电梯生产厂可能不生产全部的电梯部件，部分部件是从外协厂购买，但这里所说的出厂合格证，不应是那些外协厂家提供的合格证的罗列，而应是电梯生产厂对其出厂的所有部件生产质量合格的承诺。

3. 门锁装置、限速器、安全钳及缓冲器的型式试验证书复印件

门锁装置、限速器、安全钳、缓冲器是电梯的四种安全部件，其作用是电梯出现故障时保证人身安全或防止设备损坏，《电梯制造与安装安全规范》GB 7588-1995 附录 F 型式试验认证规程中规定上述四种安全部件应进行型式试验，并对型式试验的样品、方法、程序、内容及证书格式等方面都作了要求，以验证这四种安全部件是否符合 GB 7588-1995 的规定。承担有关

型式试验检测的单位应符合本规范第3.0.3条第2款规定"必须具有相应的资质。仪器设备应满足精度要求，并应在鉴定有效期内"，提供的型式试验证书是这四种安全部件是否符合GB 7588-1995要求的证明文件。因为型式试验证书的正本和副本数量有限，因此本规范为了提高可操作性，要求生产厂提供合格的型式试验证书复印件。

【检查】

检查随机文件清单，应包括：a)土建布置图；b)产品出厂合格证；c)门锁装置、限速器、安全钳及缓冲器的型式试验证书复印件；核对上述技术文件是否完整、齐全，并且应与合同要求的产品相符。

4.1.2　随机文件还应包括下列资料：

1．装箱单；

2．安装、使用维护说明书；

3．动力电路和安全电路的电气原理图。

【释义】

随机文件除本规范第4.1.1条规定电梯生产厂必须提供给建设单位的技术资料外，本条要求电梯生产厂还应提供给建设单位以下技术资料：

1．装箱单

装箱单是进场设备的清单，是清点和核对进场设备的依据。装箱单应清晰、准确地说明零部件的名称(或编号)、数量、位置等信息，以便施工现场的清点核对。按装箱单对进场设备正确地清点核对，便于电梯安装工程的顺利进行，可以及时发现问题(如：缺件、损坏等)、明确责任，避免因缺件、坏件导致停工而造成经济损失和工期拖延，并可防止纠纷发生。

2．安装、使用维护说明书

安装说明书是指导电梯安装的说明性技术文件；使用维护说明书是指导正确使用、维护电梯的说明性技术文件。安装说明书和使用维护说明书两者可以合一称为"安装、使用维护说明书"。

3. 动力电路和安全电路的电气原理图

电气原理图是动力电路和安全电路的设计文件，是电梯电气装置分项工程安装、接线、调试及交付使用后维修必备的技术文件。电梯对安全性、可靠性要求较高，动力电路和安全电路是电梯电气系统中最为重要的两个部分，直接关系到电梯的使用性能和安全，因此电梯生产厂应提供此文件。

【检查】

检查随机文件清单，应包括：a)装箱单；b)安装、使用维护说明书；c)动力电路和安全电路的电气原理图；核对上述技术文件是否完整、齐全，并且应与合同要求的产品相符。

4.1.3 设备零部件应与装箱单内容相符。

【释义】

本条规定电梯设备进场时应依据装箱单进行设备零部件的清点、核对，以便及时地发现、纠正错发、漏发等情况。"内容相符"含义为：零部件与装箱单指明的名称(或型号)、数量、位置相符。

【检查】

依据装箱单对零部件进行清点核对，应单、货相符，不应有缺件、少件。

4.1.4 设备外观不应存在明显的损坏。

【释义】

本条规定是指电梯设备进场时应对包装箱及设备进行观感检查，目的有两个：其一要求进入现场的设备应具有良好的观感质量；其二便于及早地发现问题，解决问题。所谓明显损坏是指因人为或意外而造成的明显的凹凸、断裂、永久变形、表面涂层脱落或锈蚀等缺陷。

【检查】

观察包装箱及设备外观，不应存在明显的损坏。

4.2 土建交接检验

电梯的使用场所和用途,决定了其本身就是建筑物的一部分,电梯安装工程质量和与电梯相关的建筑物土建结构是分不开的,另外为电梯提供必要的、合理的安装空间和场所,也是保证电梯安装工程顺利进行和提高工程质量的前提,因此在电梯安装工程进行以前,应由监理工程师(建设单位项目负责人)、安装单位项目负责人、土建施工单位项目负责人共同进行土建交接检验,应记录检验结果,并签字确认。土建交接检验可按附录B表B进行记录,也可按本实施指南的验收记录推荐样表进行。

4.2.1 机房(如果有)内部、井道土建(钢架)结构及布置必须符合电梯土建布置图的要求。

【释义】

电梯的土建布置图是联系电梯生产厂、建设单位、土建设计单位以及土建施工单位的重要技术文件,也是电梯安装施工的技术依据之一。在土建交接检验时,应按土建布置图对现场的机房(如果有)内部、井道土建(钢架)结构进行核对,现场实际结构必须满足电梯土建布置图的要求。另外机房(如果有)、井道内部表面外观质量,应平整。本条中括号内"如果有"是针对无机房电梯而言,因无机房电梯取消了机房,因此有关机房的条款不再适用。

【检查】

测量机房(如果有)、井道结构尺寸应与电梯土建布置图一致;观察机房(如果有)、井道内部表面外观,应平整。应按照土建布置图的要求预留了相关的孔和预埋件等。

4.2.2 主电源开关必须符合下列规定:

1. 主电源开关应能够切断电梯正常使用情况下最大电流。

【释义】

本款对电梯主电源开关的容量作出规定,最大电流值可从电梯土建布置图中查出。

另外，每台电梯都应单独装设一只符合本款要求的主开关，且主开关还应具有稳定的断开和闭合位置。为了防止发生误操作主电源开关，当其在断开位置时，建议能用挂锁或类似装置锁住。

【检查】

核对主电源开关铭牌上的和土建布置图中要求的最大电流值，主电源开关铭牌上额定电流值应符合土建布置图中的要求；观察每台电梯，都应单独装设一只主电源开关。

2．对有机房电梯该开关应能从机房入口处方便地接近。

【释义】

本款只适用于设有机房的电梯。检修人员援救乘客或检修电梯，有时需要切断电梯电源。为便于检修人员迅速地接近、操作电源主开关的操作机构，要求电源主开关设置在靠近机房入口且方便接近的地方，具体位置应符合土建布置图要求。

如果机房有多个入口，或同一台电梯有多个机房，而每一机房又有各自的一个或多个入口，则可以使用一个断路接触器，其断开应由符合 GB 7588－1995 第 14.1.2 条要求的电气安全装置控制，该装置接入断路接触器线圈供电回路。断路接触器断开后，除借助上述安全装置外，断路接触器不应被重新闭合或有重新闭合的可能。断路接触器应与一手动分断开关连用。

【检查】

检查主开关的位置，应在靠近机房入口且方便接近的地方，且应符合土建布置图要求。

3．对无机房电梯该开关应设置在井道外工作人员方便接近的地方，且应具有必要的安全防护。

【释义】

本款只适用于没有机房的无机房电梯。同样，为便于检修人员迅速地接近、操作电源主开关的操作机构，要求无机房电梯电源主开关应设置在井道外工作人员方便接近的地方，具体位置应符合土建布置图要求。

由于有机房电梯电源主开关设置在机房内，且机房的门设有带钥匙的锁，防止了无关人员接近电梯主电源开关；由于无机房电梯电源主开关设置在井道外，为了同样目的，本款要求无机房电梯电源主开关应具有必要的防护措施，例如：可安装在箱门带钥匙锁的箱内，或控制柜(或检修屏)内，或具有类似的保护。

【检查】

检查无机房电梯电源主开关，应在井道外方便接近的地方，具体位置和防护应符合土建布置图要求。

*4.2.3　井道必须符合下列规定：

1. 当底坑底面下有人员能到达的空间存在，且对重(或平衡重)上未设有安全钳装置时，对重缓冲器必须能安装在(或平衡重运行区域的下边必须)一直延伸到坚固地面上的实心桩墩上；

2. 电梯安装之前，所有层门预留孔必须设有高度不小于 **1.2m** 的安全保护围封，并应保证有足够的强度；

3. 当相邻两层门地坎间的距离大于 **11m** 时，其间必须设置井道安全门，井道安全门严禁向井道内开启，且必须装有安全门处于关闭时电梯才能运行的电气安全装置。当相邻轿厢间有相互救援用轿厢安全门时，可不执行本款。

见第 8 章。

4.2.4　机房(如果有)还应符合下列规定：

1. 机房内应设有固定的电气照明，地板表面上的照度不应小于 **200lx**。机房内应设置一个或多个电源插座。在机房内靠近入口的适当高度处应设有一个开关或类似装置控制机房照明电源。

【释义】

机房是电梯安装、检修以及出现故障时进行紧急操作的场

注：*指强制性条文，以下同。

所，因此为保证以上工作的安全、顺利进行，要求机房内应设有固定的电气照明，且机房地板表面上的照度不应小于200lx。

在机房内安装、检修及紧急救援操作时，可能要使用一些用电设备，因此要求机房内应至少设置一个能提供220V、50Hz的2P+PE型交流电源插座，或根据GB 14821.1以安全电压供电。机房内的插座电源应与电梯驱动主机的电源分开，可通过另外的电路或通过主开关供电侧相连获得照明电源。为了在紧急情况下能够及时地打开机房照明，在机房内靠近入口处适当位置应设置照明开关或类似装置，具体安装位置应符合土建布置图要求。如果机房有多个入口，在每个入口处均应设置一个能够控制机房照明的开关，各开关之间宜采用连锁形式。

【检查】

观察机房内是否设置了固定的电气照明设备，用照度计测量地板表面上的照度，不应小于200lx；控制照明开关的位置应符合土建布置图要求，操作开关，开关应动作正常；观察机房内是否设置一个或多个电源插座，插座应满足【释义】要求。

2. 机房内应通风，从建筑物其他部分抽出的陈腐空气，不得排入机房内。

【释义】

要求机房应适当通风，目的有三个其一是考虑井道通过机房通风；其二是保护电动机、设备及电缆，避免他们受灰尘、潮湿和有害气体的损害；其三保证设备运行环境温度，在产品规定的范围内。因为从建筑物其他部分抽出的陈腐空气，会对机房内电梯设备造成损害，因此本款规定不得排入机房内。根据建筑物的地理位置，可采用自然通风或强制通风。

【检查】

观察机房内的通风，应满足土建布置图要求；在机房内观察从建筑物其他部分抽出的陈腐空气，不应排入机房内。

3. 应根据产品供应商的要求，提供设备进场所需要的通道和搬运空间。

【释义】

电梯有些部件体积较大，运入安装位置时需要必要的通道和搬运空间。为保证电梯安装工程的顺利进行，各相关部门应协调配合，为电梯设备进场提供必要的通道和搬运空间。应在通道口设有吊装笨重设备的吊运装置。

【检查】

根据供、需双方合同约定，现场测量。

4. 电梯工作人员应能方便地进入机房或滑轮间，而不需要临时借助于其他辅助设施。

【释义】

本款含义包括以下几个方面：

a)工作人员进入机房和滑轮间的通道应优先考虑全部采用楼梯。如果不能安装楼梯，可以使用满足下列条件的梯子：Ⅰ)通往机房和滑轮间的通道不应高出楼梯所到平面4m；Ⅱ)应牢固地固定在通道上不能被移动；Ⅲ)高度超过1.5m时，其与水平面的夹角应在65°~75°之间，且不易滑动和翻转；Ⅳ)梯子的净宽度不小于0.35m，其踏板深度不小于25mm。对于垂直设置的梯子，踏板与梯子后面墙的距离不小于0.15m。梯子应能承受1500N的载荷；Ⅴ)靠近梯子顶端，应至少设置一个容易握到的把手；Ⅵ)梯子周围1.5m的水平距离内，应能防止来自其上方坠落物的危险。

b)通往机房和滑轮间的通道应设置永久的电气照明以获得适当的亮度。其控制开关应设置在通道的入口处，如果由于通道较长(或有转弯等)需设置多个照明设备，则这些照明设备的控制开关也应设置在入口处。为安全起见，对较长(或有转弯等)的通道，建议通道内设置紧急照明装置，以便断电时，工作人员进出。

c)不应通过私人房间进入机房和滑轮间。

【检查】

现场进入机房和滑轮间，观察通道是否设置了永久的电气照明，控制开关应设置在出口；观察是否通过私人房间进入机房和滑轮间；如果使用梯子，观察和用尺测量梯子，应满足【释义】要求。

5. 机房应采用经久耐用且不易产生灰尘的材料建造，机房内的地板应采用防滑材料。

注：此项可在电梯安装后验收。

【释义】

为了保证机房内设备的正常运行及其使用寿命，本款要求机房使用耐用的、不易产生灰尘的材料建造；为了防止机房内工作人员滑倒，本款要求机房地板应采用防滑材料，例如：可使用抹平混凝土或波纹钢板等材料建造。

考虑到通常机房在电梯安装完成后，其内部可能作相应的装修，在土建交接检验时，机房的最后装修还没有完成，因此本项可在电梯安装后验收。

【检查】

观察。

6. 在一个机房内，当有两个以上的不同平面的工作平台，且相邻平台高度差大于 0.5m 时，应设置楼梯或台阶，并应设置高度不小于 0.9m 的安全防护栏杆。当机房地面有深度大于 0.5m 的凹坑或槽坑时，均应盖住。供人员活动空间和工作台面以上的净高度不应小于 1.8m。

【释义】

本款中的工作平台是指在一个机房内工作人员工作场地的地面。当机房内的地面不在同一平面上，即有两个以上的不同平面的工作平台，考虑有关人员在机房内进行安装、检修、救援等工作时的人身安全和进出方便，在相邻平台高度差超过 0.5m 时要求设置楼梯或台阶，并要求设置不低于 0.9m 高的安全防护栏杆，防止在工作时工作人员发生意外坠落事故。安全防护栏杆应有一定的强度，在受到人员的意外碰撞时不被损坏。

当机房地面如有深度大于 0.5m 的凹坑或槽坑时，为防止工作人员在机房内被绊倒或扭伤，要求盖住凹坑或槽坑，覆盖的材料要具有一定强度，且应被可靠固定，建议盖住后与地面齐平。这里的凹坑或槽坑指的是其宽度不超过0.5m的情况。如果宽度大于0.5m，且深度大于0.5m，则也应在周围加设高度不小于0.9m的安全防护栏杆。实际上，在土建设计、施工中应尽量避免凹坑或槽坑的存在。

为了给工作人员提供必要的活动和工作的高度空间，便于操作和避免屋顶碰撞工作人员造成危险，本款要求人员活动空间和工作台面以上的净高度不应小于1.8m。此高度是指从屋顶结构横梁下面的最低点测量到通道场地的地面和工作场地的地面。

【检查】

观察和用尺测量。

7. 供人员进出的检修活板门应有不小于0.8m×0.8m的净通道，开门到位后应能自行保持在开启位置。检修活板门关闭后应能支撑两个人的重量（每个人按在门的任意0.2m×0.2m面积上作用1000N的力计算），不得有永久性变形。

【释义】

为了便于工作人员进出，本款规定了活板门净通道不小于0.8m×0.8m，以及开门到位后应能自行保持在开启位置。考虑检修活板门关闭后，可能被人踩踏，因此要求能支撑两个人的重量，不得有永久性变形，试验时每个人的重量按1000N、站立面积按0.2m×0.2m，作用在门的最不利位置。为了开、关检修活板时工作人员的安全，如果检修活板门不与可收缩的梯子连接，那么不得向下开启。如果门上装有铰链，为了防止门的意外脱落，引发危险，要求铰链应属于不能脱钩的型式。

在施工过程中，如果需要在检修活板门开启位置时，为了防止人员坠落，应在其周围设置护栏。

【检查】

用尺测量净通道应不小于0.8m×0.8m；开、关检修活板门，开门到位后应能自行保持在开启位置；用砝码做支撑两个人的重量的模拟试验，不应有永久性变形。

8. 门或检修活板门应装有带钥匙的锁，它应从机房内不用钥匙打开。只供运送器材的活板门，可只在机房内部锁住。

【释义】

为了防止无关人员随意进入机房，本款要求门或检修活板门应装有带钥匙的锁。为保证已进入机房内人员在任何情况下能离开机房，要求从机房内不用钥匙也能将门或检修活板门打开。这里的门是指机房通道门，其宽度×高度净尺寸应不小于 0.6m×1.8m，且不得向机房内开启，具体结构应符合土建布置图要求。

如果是由机房进入滑轮间的门或检修活板门，为保证已进入滑轮间内人员在任何情况下能离开滑轮间，则要求从滑轮间不用钥匙也能将门或检修活板门打开。

对于那些只供运送器材的活板门，即：人员不能从此类门进入机房，可只在机房内部锁住。在施工过程中，不使用这些门时，应使其保持锁住状态。

【检查】

在门或检修活板门的门外，应用钥匙将其打开；在门内，应不用钥匙将其打开；只供运送器材的活板门，可只在机房内部锁住。用钢卷尺测量门尺寸应符合土建布置图要求。

9. 电源零线和接地线应分开。机房内接地装置的接地电阻值不应大于 4Ω。

【释义】

本款要求，电梯的供电系统最迟从进入机房起，电源零线和接地线应始终分开；对于无机房电梯，最迟从进入控制开关起，电源零线和接地线应始终分开。

当设备的绝缘层损坏，设备外壳上带电时，如果人员接触设备外壳，人体的电阻 R_b 与接地电阻 R_o 并联，只有 $R_b \gg R_o$，通过人体的电流才会很小，才不会有危险。换言之，如机房内接地装置的接地电阻 R_o 增大，通过人体的电流也会提高，会对人员产生危险。因此本款要求机房内接地装置的接地电阻值不应大于 4Ω。为了便于识别、查找接地装置，接地装置应有明显的标示。

【检查】

观察进入机房的零线和接地线是否分开；用兆欧表或地环仪测量接地装置的接地电阻值。

10．机房应有良好的防渗、防漏水保护。

【释义】

为保证机房内电气设备正常运行，机房防渗、防漏水非常必要。一旦机房内出现漏水、渗水现象，可能造成电气部件损坏，导致机械部件的腐蚀，引发重大安全事故或造成重大损失，因此本款要求机房土建施工过程中，应采取良好的防渗、防漏水保护。

【检查】

检查机房的施工记录，应有防渗、防漏水保护。

4.2.5 井道还应符合下列规定：

1．井道尺寸是指垂直于电梯设计运行方向的井道截面沿电梯设计运行方向投影所测定的井道最小净空尺寸，该尺寸应和土建布置图所要求的一致，允许偏差应符合下列规定：

1)当电梯行程高度小于等于 30m 时为 0～+25mm；

2)当电梯行程高度大于 30m 且小于等于 60m 时为 0～+35mm；

3)当电梯行程高度大于 60m 且小于等于 90m 时为 0～+50mm；

4)当电梯行程高度大于 90m 时，允许偏差应符合土建布置图要求。

【释义】

根据《电梯、自动扶梯、自动人行道术语》GB/T7024－1997 第 2.1 条电梯的定义"服务于规定楼层的固定式升降设备。它具有一个轿厢，运行在至少两列垂直或倾斜角小于 15°的刚性导轨之间"，电梯可能不垂直运行，因此本款规定井道尺寸是指电梯设计运行方向的井道截面沿电梯设计运行方向投影所测定的井道最小净空尺寸，采用"设计运行方向"的目的是将导轨不垂直且倾斜角小于15°的情况包容进来。要注意的是：井道尺寸是由井道各截面投影而测定最小净空尺寸，不要认为是井道截面的最小尺寸。由于井道尺寸是决定电梯能否安装的重要参数之一，因此本款要求实际的井道尺寸应与土建布置图所要求的一致。为了保证井道土建施工质量，本款规定了井道尺寸允许偏差，偏差在本款规定范围内，电梯安装工程才能顺利进行。

由于绝大多数电梯的运行方向是垂直的，倾斜运行的情况极少出现，另外为了便于表述、理解，因此除特殊指明外，《实施指南》中的电梯是垂直运行的情况。

【检查】

可在井道内用线坠吊线或采用激光测试仪测量井道尺寸；还应注意检查井道尺寸空间内不应有凸出物(如结构梁等)。

2. 全封闭或部分封闭的井道，井道的隔离保护、井道壁、底坑底面和顶板应具有安装电梯部件所需要的足够强度，应采用非燃烧材料建造，且应不易产生灰尘。

【释义】

由于电梯有些部件(如：驱动主机、滑轮、导轨、层门、缓冲器等等)需要固定在建筑物上，因此本款要求井道的隔离保护、井道壁、底坑底面和顶板应具有安装电梯部件所需要的足够强度，以承受来自电梯的作用力。电梯作用在井道上的力有多种，与电梯产品的类型、规格有关，主要考虑以下几个方面：a)电梯悬挂系统产生的力；b)安全装置起作用(如：安全钳动作、撞击缓冲器、驱动主机紧急制动等)时产生的力；c)由于轿厢偏载引起的力；d)在轿厢装卸货物时产生的力；e)当电梯安装于建筑物外且井道部分封闭，风载引起的力。电梯生产厂设计电梯土建布置图时，已根据产品特点考虑了上述作用力，因此土建设计、施工单位可从电梯土建布置图查出支反力的大小和位置。

为了井道内电梯设备的正常运行及其使用寿命，降低电梯故障率，避免环境污染和火灾的发生，以及给乘客提供良好的乘座环境。本款要求井道应采用非燃烧材料建造，且应不易产生灰尘。

【检查】

检查土建施工图，其上要求承受力的值和位置应与电梯土建布置图相同；检查施工记录，井道应采用非燃烧且应不易产生灰尘的材料建造。

3. 当底坑深度大于 2.5m 且建筑物布置允许时，应设置一个符合安全门要求的底坑进口；当没有进入底坑的其他通道时，应设置一个从层门进入底坑的永久性装置，且此装置不得凸入电梯运行空间。

【释义】

制订本款主要目的是为了相关人员安全、方便地进出底坑。

当底坑深度大于 2.5m 时，如果建筑物结构布置允许时，应优先考虑在底坑壁上设置进入底坑的通道门。通往该门的通道应设置永久、固定的电气照明装置，并且此通道应在任何情况均能安全、方便地使用，而不需经过私人房间。通道门应符合以下要求：a)考虑此门主要用于检修人员，因此门的净尺寸不得小于(宽×高)0.6m×1.4m；b)不得向井道内打开，以防止门打开时与底坑内的缓冲器、张紧轮等零部件发生干涉碰撞；c)应装设用钥匙才能开启的锁，应不用钥匙就能将门关闭和锁住，在底坑内应不用钥匙将门打开；d)采用符合 GB 7588-1995 第 14.1.2 条要求的电气安全装置证实门处于锁闭状态，门关闭时，电梯才能运行。如果电梯正常运行时，轿厢、对重(平衡重)的最低部分(包括导靴、护脚板，但不包括随行电缆、补偿绳或链及其附件)和底坑地面之间的自由距离大于等于 2m 时，可不设此电气安全装置。对于多梯井道，如果需从一个门进入多台电梯底坑运行空间，则门打开时，所能到达的底坑运行空间的电梯应停止运行；e)应是具有一定机械强度、无孔门。机械强度应满足：将 300N 的力以垂直于门表面的方向均匀分布在 $5cm^2$ 的圆形面积(或方形)上，门应无永久变形且弹性变形不应大于15mm。

需说明的是："当底坑深度大于2.5m且建筑物布置允许时，应设置进入底坑的通道门"的含义是当底坑深度大于2.5m，考虑人员进出底坑方便和安全，进入底坑的方法应优先考虑设置通道门，但这并不意味着当底坑深度小于等于2.5m时，不能设置进入底坑的通道门，如果建筑物允许，也可以设置。

当没有进入底坑的其他通道时，应设置一个从最底层层门进入底坑的永久性装置，如：爬梯或固定在底坑上的梯子，为了不妨碍电梯运行，要求此装置不得凸入电梯运行空间。

【检查】

观察底坑，应设有从最底层层门进入底坑的永久性装置，此装置不得凸入电梯运行空间。

如果设置进入底坑通道门，观察、测量和实际开、关门，通道门应满足【释义】中的各项要求；对于【释义】d)中要求的电气安全装置，应检查其安装位置是否正确、是否可靠的动作，这里的动作只是指电气安全装置自身的闭合与断开(注：若电气安全装置由电梯制造商家提供，此项可在安装完毕后检查，检查前须先将电梯停止)；观察通往该门的通道，应设置永久、固定的电气照明装置，并且此通道不需经过私人房间。

4．井道应为电梯专用，井道内不得装设与电梯无关的设备、电缆等。井道可装设采暖设备，但不得采用蒸汽和水作为热源，且采暖设备的控制与调节装置应装在井道外面。

【释义】

"要求井道内不得装设与电梯无关的设备、电缆等"是为了避免与电梯无关的设备、电缆等对电梯控制系统造成电磁干扰，以及无关的设备、电缆的检修，影响电梯正常运行。

为了保证井道内电梯零部件的工作环境温度，防止他们在过低的温度下工作，可以在电梯井道内设置采暖装置。为了防止因采暖设备破损，蒸汽和水泄漏，危害乘客人身安全及影响电梯的正常使用，要求采暖装置不能使用蒸汽和水作为热源。为控制与调节操作的方便、安全，要求采暖装置的控制与调节装置设置在井道外。

【检查】

现场观察。

5. 井道内应设置永久性电气照明，井道内照度应不得小于50lx，井道最高点和最低点 0.5m 以内应各装一盏灯，再设中间灯，并分别在机房和底坑设置一控制开关。

【释义】

为了保证安装、检修、救援人员在井道内工作时有足够的亮度，防止因光线不足，引发安全事故，要求井道内设置永久性电气照明，即使在所有的门关闭时，在轿顶面和底坑地面以上 1m 处的照度不得小于 50lx。为了井道顶部和低部零部件在安装、维修时，获得足够的亮度，以及防止轿厢运行到端站时，轿厢或对重(平衡重)档住灯光，要求井道最高点和最低点 0.5m 以内各装一盏灯。中间灯的设置没有间距要求，只要井道内满足在轿顶面和底坑地面以上 1m 处不小于 50lx 的照度即可，具体间距应符合土建布置图要求。

另外，对于部分封围的井道，如果井道附近有足够的电气照明，井道内可不设照明。

为方便工作人员就近机房或底坑来控制井道内的照明设备，避免为了控制井道内照明，上楼、下楼耽误时间，要求在机房和底坑各设置一个控制开关，这一点对于多层站电梯尤为明显。开关的位置应设置在机房内靠近入口的适当高度和进入底坑后容易接近的地方，并且两开关应互联。对于无机房电梯，可在井道外控制柜(屏)附近和底坑各设置一个控制开关，具体位置应符合土建布置图要求。

【检查】

观察井道内，应设置永久性照明，操作控制照明开关，应可靠通断。

另外，可在层门安装完成后，将所有的层门关闭，在底坑地面以上1m处用照度计测量照度值；轿厢位于井道顶部、中部及底部光线最弱的部位，在轿顶面以上1m处用照度计测量照度值（注：在轿顶上的测量可在整机安装验收时进行）。如果是半封闭井道或玻璃井道，应在井道外环境光线最暗时测量。

6. 装有多台电梯的井道内各电梯的底坑之间应设置最低点离底坑地面不大于 **0.3m**，且至少延伸到最低层站楼面以上 **2.5m** 高度的隔障，在隔障宽度方向上隔障与井道壁之间的间隙不应大于 **150mm**。

当轿顶边缘和相邻电梯运动部件（轿厢、对重或平衡重）之间的水平距离小于 **0.5m** 时，隔障应延长贯穿整个井道的高度。隔障的宽度不得小于被保护的运动部件（或其部分的宽度每边再各加**0.1m**。

【释义】

当多台电梯共用井道时，为了防止工作人员在底坑对其中一台电梯进行安装、检修等操作时进入另一台电梯的运行空间发生危险，以及如果共用井道的电梯底坑地面不在同一水平面，为了避免工作人员从较高的底坑地面跌入较低的底坑造成危险，要求各电梯运动部件之间应设隔障。为了防止从一台电梯的最底层层门进入底坑时触及另一台电梯的运动部件，或误入另一台电梯的运行空间，要求隔障至少延伸到最低层站楼面以上2.5m高度。考虑防止人员从隔障的低部和宽度方向的间隙钻过，要求隔障最低点离底坑地面不大于0.3m，隔障宽度方向上隔障与井道壁之间的间隙不大于150mm。

当轿顶边缘和相邻电梯运动部件（如轿厢、对重或平衡重）之间的水平距离小于0.5m时，为了防止工作人员在其中一台电梯轿顶上进行安装、检修、救援等工作时，身体不慎进入另一台电梯的运行空间而发生撞击、挤压或剪切等危险，发生安全事故，要求此时隔障延长贯穿整个井道的高度，同时要求隔障的宽度不小于被保护的运动部件（或其部分）的宽度再每边各加0.1m，以防人员触及相邻电梯运动部件。

【检查】

观察和按土建布置图的要求，用尺测量。

7. 底坑内应有良好的防渗、防漏水保护，底坑内不得有积水。

【释义】

为保证底坑内电气设备正常运行，底坑防渗、防漏水非常必要。一旦底坑内出现漏水、渗水现象，会造成电气部件损坏，导致机械部件的腐蚀，可能引发重大安全事故或造成重大经济损失，因此本款要求在井道底坑土建施工过程中，采取良好的防渗、防漏水保护。

【检查】

检查井道底坑的施工记录，应有防渗、防漏水保护。

8. 每层楼面应有水平面基准标识。

【释义】

水平面基准标识是指每层楼面完工底面的标识线，是安装电梯每层层门地坎的基准线，一般此标识画在墙上或柱子上。许多建筑工程电梯安装工程在前，装修工程在后，因此此标示非常重要，如果没有此基准线或此基准线不准，会造成如下后果：a)层门底坎比楼面过高时，不利于乘客进出轿厢，容易绊倒乘客；b)层门底坎低于楼面时，不利于乘客进出轿厢，同样可能绊倒乘客，而且液体容易流入井道；c)对于货梯，层门地坎低于或过高于楼面，均不利于装卸货物。

【检查】

逐层观察。

4.3 驱动主机

驱动主机是包括电动机、制动器在内的用于驱动和停止电梯的装置。它的种类有多种，如按驱动方式可分为：曳引式或强制式；如按传动方式可分为：有齿、无齿或皮带。对于有机房电梯，驱动主机安装在机房内，机房位置一般多在井道上部，少数在井道下部；对于无机房电梯，驱动主机安装在井道内，一般在井道顶部、底坑、靠近低层附近或安装在轿厢上。驱动主机的型式、位置、安装要求由电梯产品设计确定，因此安装施工人员应严格按照生产厂提供的安装说明书进行施工。

4.3.1 紧急操作装置动作必须正常。可拆卸的装置必须置于驱动主机附近易接近处，紧急救援操作说明必须贴于紧急操作时易见处。

【释义】

紧急操作装置的作用主要为：当电梯出现故障或停电，轿厢停在两个层站之间时，使用紧急操作装置，移动轿厢就近平层，救出轿厢内被困人员；在电梯安装、检修过程中停电时，移动轿厢；当安全钳动作时，提拉轿厢释放安全钳。按紧急操作时操作力的来源，紧急操作装置可分为手动操作和紧急电动运行。

如果向上移动具有额定载重量的轿厢所需的操作力不大于400N，电梯驱动主机应装设手动紧急操作装置，以便借用平滑且无辐条的盘车手轮将轿厢移动。装设手动紧急操作装置的电梯驱动主机，应能用手松开制动器并需要以一持续力保持其松开状态。对可拆卸的手动操作装置，为了方便救援操作，要求拆下的装置(如盘车手轮等)放置于驱动主机附近容易接近位置；为了便于按照救援操作说明要求的方法正确、安全的操作，要求紧急救援操作说明贴于紧急操作时容易看见的位置；对于同一机房内多台电梯的情况，如盘车手轮有可能与相配的电梯驱动主机混淆时，为了迅速、安全地开展救援工作还应在手轮上做适当标记；为了防止其与驱动主机联结时轿厢意外运动或操作完成后未被拆卸，引发安全事故，应设置一个符合 GB 7588 - 1995 第 14.1.2 条规定的电气安全装置最迟应在盘车手轮装上电梯驱动主机时动作。电气安全装置与操作它的装置的安装位置应符合安装说明书要求。

如果向上移动具有额定载重量的轿厢所需的操作力大于

400N，电梯应装设紧急电动运行的电气操作装置，以便借助电梯驱动主机的运行将轿厢移动，电梯驱动主机应由正常的电源供电或由备用电源供电（如果有）。紧急电动运行的开关，由防止误操作的持续揿压按钮控制轿厢运行，应标明轿厢运行方向，轿厢运行速度不大于 0.63m/s；紧急电动运行开关操作后，除由该开关控制以外，应防止轿厢的一切运行；紧急电动运行开关本身或通过另一个电气安全装置，可使限速器、安全钳装置、缓冲器上的电气安全装置和极限开关失效；紧急电动运行开关及操纵按钮，应设置在使用时易于直接观察电梯驱动主机的地方。

【检查】

　　观察电梯，应设置紧急操作装置。如果是手动可拆卸的紧急操作装置，观察手动紧急操作装置的可拆卸的装置（如盘车手轮等），若有标记，应与所标记的电梯驱动主机相符，放置于驱动主机附近易接近处，紧急救援操作说明应贴于紧急操作时易见处。按紧急救援操作说明的方法和要求，现场实际操作，应能移动具有额定载重量的轿厢从底部层站到上一层站。用钢卷尺或钢板尺测量电气安全装置与操作它的装置的安装位置，应符合安装说明书要求。

　　如果采用紧急电动运行，观察和操作紧急电动运行开关及持续揿压的按钮，标明的轿厢运行方向应于轿厢的实际运行方向相符，观察操纵位置，应易于直接观察电梯驱动主机运行。

4.3.2　当驱动主机承重梁需埋入承重墙时，埋入端长度应超过墙厚中心至少 20mm，且支承长度不应小于 75mm。

【释义】

　　驱动主机承重梁是指支承驱动主机下面最底层的主梁，一般采用型钢等材料加工。承重墙是承重梁下的土建承重结构，可以是混凝土墙或满足电梯土建布置图受力要求的其他承重结构。为了保证驱动主机承重梁的端部与承重墙可靠连接，且能承受电梯悬挂系统的作用力，避免因承重梁埋入承重墙深度不足，承重梁从承重墙中滑脱或损坏承重墙，以及承重梁未能支承在承重墙

(如直接支承在楼板上)时,导致承重梁下的楼板出现裂缝或塌陷,造成重大安全事故,本条要求承重梁需要埋入承重墙时,埋入端长度应超过墙厚中心至少20mm,且支承长度不少于75mm,如图1所示。驱动主机承重梁埋入承重墙属于隐蔽工程,封堵前,应按本规范3.0.3条第5款执行。

如果承重梁不需要埋入承重墙,为了保证承重梁与承重墙的连接处,能承受电梯悬挂系统的作用力,同样,要求承重梁端部也应超过墙厚中心至少20mm,且支承长度不少于75mm。

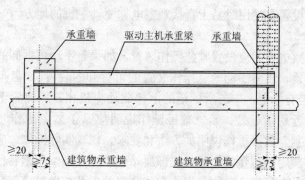

图4.3.2 承重梁埋入端长度示意图

【检查】

观察和用尺、线锤测量驱动主机承重梁,应支承在建筑物承重墙上;在驱动主机承重梁埋入承重墙,封堵前,用尺检查埋入端长度是否超过墙厚中心至少20mm,且支承长度不小于75mm。

4.3.3 制动器动作应灵活,制动间隙调整应符合产品设计要求。

【释义】

本款的制动器是指驱动主机上的机—电制动器(摩擦型),它应在动力电源和控制电路电源失电时起作用。为了避免因制动器动作不灵活,导致电梯轿厢平层不准确,甚至出现电梯轿厢冲顶或蹾底,造成重大伤亡事故,要求制动器动作灵活。

制动器动作灵活是指：其一借助于生产厂提供的专用工具，按照安装说明书的操作要求，应能用手松开制动器，当施加的外力取消后，制动器应能从任何位置回到设计要求的制动位置；其二制动器动作时，在其制动行程范围内，施加力的制动器制动部件应没有卡阻现象。制动间隙过小，会造成制动器不能完全打开，在驱动主机运行时，导致制动部件摩擦、电机发热、噪声增大等现象发生；制动间隙过大，会造成制动力下降、制停不准确、甚至不能将电梯保持在停止位置。因为不同的驱动主机制动器的结构与制动间隙大小等技术要求不同，因此本款要求制动器的制动间隙在安装、调整完成后，应符合安装说明书中要求的值。

【检查】

断开驱动主机电源，用手完全打开制动器，观察打开过程中制动器应无卡阻现象，在制动器打开的最大行程处，将外力取消，制动器应回到调定位置。以检修速度上下运行电梯，在电梯行程的低部、中部、顶部分别停靠电梯，观察电梯在运行过程中制动器应无摩擦现象，制动应灵活。用塞尺测量制动间隙，其值应符合安装说明书要求。

4.3.4 驱动主机、驱动主机底座与承重梁的安装应符合产品设计要求。

【释义】

本款目的是为了降低驱动主机的运行振动和噪声，防止驱动主机的振动通过悬挂绳（链）传至轿厢，以提高电梯运行舒适感，减少悬挂绳（链）和驱动主机驱动轮的摩擦和磨损。另外，如驱动主机及其相关部件安装不正确，当悬挂系统安装在驱动主机上时，还可能造成驱动主机倾覆。又由于驱动主机、驱动主机底座与承重梁的安装要求，因产品不同而不同，因此驱动主机、驱动主机底座与承重梁的安装施工应严格按照安装说明书、施工工艺进行，避免出现错装或漏装驱动主机附件（如减振件、联接件、安装座等）现象发生。

【检查】

断开驱动主机电源,观察或测量驱动主机、驱动主机底座与承重梁的安装应符合安装说明书要求。

4.3.5 驱动主机减速箱(如果有)内油量应在油标所限定的范围内。

【释义】

本条只适用于有齿驱动主机,无齿轮驱动主机,不执行本条文。如果驱动主机减速箱油量不足时,将导致蜗轮副或齿轮副烧蚀、振动和噪声增大;如果油量过多时,将导致蜗轮副或齿轮副传动阻力加大,导致发热、传递效率降低,电机电流加大,功耗增加,另外油被甩出后会污染环境。因此,要求驱动主机减速箱(如果有)内油量应在油标所限定的范围(即在最大和最小刻度之间)。

驱动主机减速箱内油量的标示方法,因产品不同而异,通常为油尺或油窗,且其上有最大和最小油量的刻度。

【检查】

检查前应首先将停止电梯运行;如果主机减速箱的箱体上有油窗,直接观察驱动主机减速箱内的油量,应在油窗标示的最小、最大刻度线之间;如果驱动主机减速箱采用油尺检测油量,用手从减速箱上拉出油尺,观察油尺上的油印应在油尺上标示的最小、最大刻度线之间。

4.3.6 机房内钢丝绳与楼板孔洞边间隙应为 20~40mm,通向井道的孔洞四周应设置高度不小于 50mm 的台缘。

【释义】

为了防止机房楼板孔过小,钢丝绳与机房楼板孔边发生摩擦,损坏钢丝绳,产生振动和噪声,以及机房楼板孔过大,异物从此孔坠入井道,产生危险,要求机房内钢丝绳与楼板孔洞边间隙应为:20~40mm。为了避免机房内的水或油等异物进入井道,要求在通向井道的孔洞四周应设置高度不小于 50mm 的台缘。本条同样适用于滑轮间(如果有)内的钢丝绳与楼板孔的要求。

【检查】

停止电梯运行,在电梯机房或滑轮间(如果有)内,用钢板尺测量钢丝绳与楼板孔洞边间隙应为:20~40mm,通向井道的孔洞四周的台缘高度应不小于50mm。

4.4 导 轨

导轨是供轿厢和对重(平衡重)运行导向的部件。导轨安装在建筑物(井道)上(内),将电梯与建筑物相联系。电梯安装工程中,导轨安装分项工程是电梯系统的基础工程,是层门、轿厢、对重(平衡重)的安装基准。正确地安装导轨,可防止与导轨相关的分项工程,如:层门、轿厢、对重(平衡重)等,相对位置错误,避免不必要的调整、返工,以及防止出现严重错误,造成电梯运行中开门机、轿门上的部件与层门上的部件相互碰撞发生,引发安全事故或损坏设备。

4.4.1 导轨安装位置必须符合土建布置图要求。

【释义】

电梯轿厢导轨、对重(平衡重)导轨在井道中的位置,因产品设计不同而异。由于电梯土建布置图对导轨在井道中的安装位置有明确表述,因此本条要求导轨安装位置符合土建布置图要求。

导轨安装位置主要指以下几个方面:

a)井道宽度和深度两个方向上导轨位置尺寸。主要是轿厢导轨与层门相对位置尺寸、轿厢导轨与对重导轨相对位置尺寸及导轨间距。

b)井道顶部最后一根导轨的上端部与电梯井道顶之间距离,实际上此距离是对导轨长度的要求。为了方便安装和检查,通常生产厂根据具体电梯安装工程对导轨长度计算确认后,对导轨长度的要求,转换成井道顶部最后一根导轨的上端部与电梯井道顶之间距离的要求。如果井道顶层高度较大,最上部一根导轨不到达井道顶部时,则一般直接要求导轨长度,但此时设计上应注意,采取措施防止电梯出现故障时,轿厢、对重失控超速上行,冲出导轨。

导轨顶部长度应考虑以下几个因素:

Ⅰ)对于曳引式电梯,当对重或轿厢完全压在它的缓冲器上时,轿厢或对重导轨长度应能提供不少于 $0.1+0.035V^2$(m)的进一步制导行程。当电梯的减速是按 GB 7588-1995 中 12.8 的规定被可靠监控时,$0.035V^2$ 的值可按下述情况减少:电梯额定速度小于或等于 4m/s 时,可减少到 1/2,且不应小于 0.25m;电梯额定速度大于 4m/s 时,可减少到 1/3,且不应小于 0.28m。

Ⅱ)对于强制式电梯,轿厢导轨的长度,应使轿厢上行至上缓冲器行程的极限位置时,轿厢一直处于有导向状态。当轿厢完全压在它的缓冲器上时,平衡重(如果有)导轨长度应能提供不少于 0.3m 的进一步制导行程。

【检查】

此条在导轨安装过程中或安装完成时检查验收。在井道底坑,用钢卷尺测量轿厢导轨与对重导轨相对位置尺寸、轿厢导轨与层门位置尺寸、轿厢导轨间距、对重导轨间距等尺寸,应符合土建布置图要求。在井道顶层,检查人员站在脚手架或安装平台上(注:注意安全),用钢卷尺测量井道顶部最后一根导轨的上端部与电梯井道顶之间距离,应满足土建布置图要求;如果土建布置图给出导轨长度,则可放线测量导轨长度,其值应满足土建布置图要求。

4.4.2 两列导轨顶面间的距离偏差应为:轿厢导轨 0～+2mm;对重导轨 0～+3mm。

【释义】

导轨是电梯的导向,正确的导轨间距(两列导轨顶面间的距离)是保证电梯正常运行的基础,可降低电梯运行过程中轿厢的振动,提高电梯运行舒适感,因此要求轿厢导轨间距偏差在 0～+2mm 之间,对重(平衡重)导轨间距偏差在 0～+3mm 之间。

由于电梯规格、种类及生产厂的不同，此偏差值要求也不相同，本款规定的允许偏差是最基本(低)要求，安装施工人员应按照产品安装说明书中(或施工工艺)要求的偏差进行施工。

【检查】

在导轨样板和基准线没有拆除前，但导轨已安装完成时，检查验收。分别在导轨支架与导轨联结处及两根导轨联结处，用仪器(如钢卷尺、钢板尺或校轨尺等)测量轿厢导轨顶面间的距离偏差应为0～+2mm，对重(平衡重)导轨顶面间的距离偏差应为0～+3mm。如果安装说明书(或施工工艺)对允许偏差有要求时，则应按照安装说明书(或施工工艺)的要求检查。

4.4.3 导轨支架在井道壁上的安装应固定可靠。预埋件应符合土建布置图要求。锚栓(如膨胀螺栓等)固定应在井道壁的混凝土构件上使用，其连接强度与承受振动的能力应满足电梯产品设计要求，混凝土构件的压缩强度应符合土建布置图要求。

【释义】

如果导轨支架在井道壁上的安装固定不可靠，则在电梯运行一段时间后，导轨支架与预埋件或锚栓之间的连接，会出现松动，引起轿厢振动，可能导致轿门门刀与层门门锁等部件之间相互碰撞，甚至出现导靴脱离导轨、轿厢承载后导轨倾覆的危险，因此本款要求导轨支架在井道壁上的安装固定可靠。

预埋件可埋在混凝土墙、梁或符合土建布置图要求的砖墙上，预埋件(如：板、梁等)的尺寸、位置应符合土建布置图上的要求；预埋件埋入结构和预埋件强度等，土建施工时，应符合土建布置图上的受力要求；如果采用锚栓连接，混凝土构件的位置也应符合土建布置图要求。

由于锚栓固定在砖、砌块等土建结构上，钻孔时，很容易造成墙体裂碎，锚栓与它们固定时，不可靠，容易出现松动或被拔出，所以要求锚栓(如膨胀螺栓等)固定要在井道壁的混凝土构件上使用。锚栓与混凝土构件连接固定的型式试验报告中的连接强度等参数应满足电梯产品设计(安装说明书、土建布置图)要求。

锚栓与井道连接接点的强度与井道混凝土构件压缩强度有很大关系，因此要求现场的混凝土构件的压缩强度应符合土建布置图要求。另外，锚栓与井道壁的连接强度与锚栓安装工艺、操作规程有很大关系，因此安装施工人员应严格按照安装说明书(安装工艺、操作规程)的步骤、方法及要求进行锚栓安装。

【检查】

根据导轨支架与井道壁的固定形式，检查以下内容，但a)中检查内容应在本规范第4.2.1条检查时完成。

a)如果采用预埋件，用尺测量预埋件尺寸、位置，应符合土建布置图要求；检查土建施工图，预埋件的受力要求应不低于土建布置图上的受力要求；如果采用锚栓，检查土建施工图，混凝土构件的压缩强度应不低于土建布置图要求，用尺测量混凝土件在井道中的位置应符合土建布置图要求。

b)如果采用锚栓，锚栓与混凝土构件连接固定的型式试验报告中的连接强度等参数应满足电梯产品设计(安装说明书、土建布置图)要求；用力矩扳手检查锚栓的固定力矩，应符合安装说明书(安装工艺、操作规程)对锚栓固定力矩的要求。

c)用尺测量上、下两个导轨支架间距，应符合土建布置图要求，用力矩扳手检查导轨支架与井道壁的连接固定，应符合安装说明书(安装工艺、操作规程)的要求。

4.4.4 每列导轨工作面(包括侧面与顶面)与安装基准线每5m的偏差均不应大于下列数值：轿厢导轨和设有安全钳的对重(平衡重)导轨为0.6mm；不设安全钳的对重(平衡重)导轨为1.0mm。

【释义】

安装基准线是安装施工人员在电梯安装工程前期，根据电梯土建布置图中导轨在井道中的位置尺寸，在井道内装设的从井道顶部一直连续延伸到底坑的导轨安装定位线，一般为金属线。

导轨工作面(包括侧面与顶面)与安装基准线偏差过大，主要有两个原因：其一导轨直线度不好；其二整个导轨偏离基准线。

这种情况发生时，会带来以下弊病：在电梯运行过程中，会使轿厢振动和噪声增大；当安全钳楔块与导轨工作面之间的间隙变小时，造成安全钳误动作。

为了限制上述偏差，本条要求每列导轨工作面(包括侧面与顶面)与安装基准线每 5m 的偏差均不大于下列数值：轿厢导轨和设有安全钳的对重(平衡重)导轨为 0.6mm；由于对重(平衡重)导轨安装精度对轿厢运行振动影响相对较小，在没有安全钳时，其对安装基准线的偏差值相比轿厢导轨和设有安全钳的对重导轨的要求适当放宽一些，最大值为 1.0mm。

【检查】

本条应在导轨安装过程中和安装完成时，检查验收。利用安装基准线，用塞尺测量每列导轨工作面(包括侧面与顶面)与安装基准线偏差，每 5m 的偏差均应满足本条规定。

如果电梯安装工程已完成，安装基准线已被拆除，可在导轨顶部安装激光导轨检测仪(如：激光自动安平垂准仪、激光束可自旋准直仪、多功能自动激光铅直仪等)，按其使用说明书进行操作，测量导轨工作面与用作基准的光线之间的偏差，每 5m 的偏差均应满足本条规定。对于电梯是垂直运行的情况，也可在导轨上顶部安装带磁铁的重锤，然后测量导轨工作面与重锤线的偏差，每 5m 的偏差均应满足本条规定。

4.4.5 轿厢导轨和设有安全钳的对重(平衡重)导轨工作面接头处不应有连续缝隙，导轨接头处台阶不应大于 0.05mm。如超过应修平，修平长度应大于 150mm。

【释义】

如果轿厢导轨和设有安全钳的对重(平衡重)导轨工作面接头处有连续缝隙，当安全钳恰在此处起作用时，可能改变安全钳的性能，引发安全隐患，另外，当导靴运动到此处时，容易产生振动，因此要求不能有连续缝隙。导轨安装过程中，两根导轨联接前，应先清理每根导轨端部，以便两根导轨接头处完全镶嵌在一起，防止出现连续缝隙。

为了降低轿厢振动，减少导靴的磨损，及保证安全钳使用性能，要求两根导轨接头处侧面和顶面的台阶高度不大于0.05mm。如台阶高度小于或等于0.05mm，如图4.4.5－1所示。对电梯运行影响较小，台阶无需修平；如台阶高度大于0.05mm，则应使用导轨刨等工具将台阶修平，侧面台阶在接头处上、下两侧（如图4.4.5－2所示）的修平长度均应大于150mm。值得注意的是：修平工序应按照安装说明书进行，并不是用导轨刨刨得越多越好，也应防止导轨接头处变凹，引起轿厢运行晃动。

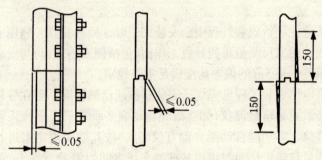

图4.4.5-1 导轨接头台阶　　图4.4.5-2 导轨修光长度

【检查】

安装完成时，用塞尺检查轿厢导轨和设有安全钳的对重（平衡重）导轨工作面接头处，不应有连续缝隙；用刀口尺和塞尺测量接头处台阶高度，应小于或等于0.05mm，用钢板尺（钢卷尺）测量接头处台阶修平长度，应大于150mm。

4.4.6 不设安全钳的对重（平衡重）导轨接头处缝隙不应大于1.0 mm，导轨工作面接头处台阶不应大于0.15mm。

【释义】

由于对重（平衡重）导轨安装精度对轿厢运行振动影响相对较小，在没有安全钳时，其导轨接头处缝隙及导轨工作面接头处台阶相比轿厢导轨和设有安全钳的对重导轨的要求都放松一些。但其导轨接头缝隙过大、台阶高度过大，会导致对重(平衡重)导靴磨损及其运行过程产生噪声、振动增大，对重(平衡重)振动过大也会增大电梯系统振动，因此，要求不设安全钳的对重(平衡重)导轨接头处缝隙不大于1.0mm，导轨工作面接头处台阶不大于0.15mm，同样台阶大于0.15mm，也应进行修平，修平长度应大于150mm。

【检查】

安装完成时，用塞尺检查不设安全钳的对重(平衡重)导轨接头处缝隙，应小于或等于1.0mm；用刀口尺和塞尺测量接头处台阶高度，应小于或等于0.15mm，用钢板尺(钢卷尺)测量接头处台阶修平长度，应大于150mm。

4.5 门系统

本节的门系统是指实现电梯开、关运动的部件组合，主要包括层门、轿门及开门机(如果有)，门系统的安装质量主要体现在对层门、轿门的要求上。层门是设置在层站入口的门；轿门是设置在轿厢入口的门。由于门系统是乘客、货物的出入口，因此其安装质量关系到乘客、工作人员的安全、电梯使用性能，也关系到电梯的观感质量。门锁装置是电梯的安全部件之一，生产厂应提供合格的型式试验报告。

4.5.1 层门地坎至轿厢地坎之间的水平距离偏差为0～+3mm，且最大距离严禁超过35mm。

【释义】

如果安装时，层门地坎至轿厢地坎之间的水平距离的偏差过大，容易造成门刀与层门地坎或门锁与轿门地坎发生碰撞(超出下公差)，或造成门刀与门锁滚轮啮合深度偏小(超出上公差)，引发更大的危险事故，因此要求此距离偏差在0～+3mm之间；门地坎至轿厢地坎之间的间隙过大时，对于客梯可能造成乘客(特别是女乘客、小孩)脚部扭伤，对于货梯则不利于使用运输工具装卸货物，因此要求最大距离严禁超过 35mm。

【检查】

以检修速度运行电梯，将轿厢分别在每个楼层停靠并平层，轿门、层门完全打开后，在开门宽度两端位置处用钢板尺测量层门地坎至轿厢地坎之间的水平距离，与安装说明书要求的值比较，偏差应在 0～+3mm，最大距离不应超过安装说明书要求的最大值，但安装说明书要求的最大值严禁超过 35mm。

***4.5.2 层门强迫关门装置必须动作正常。**

见第 8 章。

4.5.3 动力操纵的水平滑动门在关门开始的 1/3 行程之后，阻止关门的力严禁超过 150N。

【释义】

动力操纵的水平滑动门的关门速度曲线类似于正弦曲线，从 1/3 行程、1/2 行程到 2/3 行程范围内，是其速度值较大的区域（在 1/2 行程附近速度增加到最大值），也是动能较大的区域，换言之，在 1/3 行程到 2/3 行程范围内是冲击最大的区域，在此区域撞击或夹伤乘客的可能性最大。因此，本条要求在关门开始 1/3 行程之后，阻止关门的力严禁超过 150N。安装施工人员在安装调整门机速度时，应注意在上述范围内，检查此项要求。

【检查】

电梯处于检修状态，且停靠在某一层站，操作开门开关使门完全打开门，操作关门开关，使门关门，在关门行程 1/2 附近、开门高度中部附近的位置，用压力弹簧计顶住门扇直至门重新打开，弹簧计的最大读数，即为阻止关门力。

***4.5.4 层门锁钩必须动作灵活，在证实锁紧的电气安全装置动作之前，锁紧元件的最小啮合长度为 7mm。**

见第 8 章。

4.5.5 门刀与层门地坎、门锁滚轮与轿厢地坎间隙不应小于 5mm。

【释义】

电梯运行过程中，门刀与层门地坎之间、门锁滚轮与轿厢地坎之间有相对运动，如果它们之间的间隙偏小，会导致门刀与层门地坎或门锁与轿门地坎发生碰撞，或摩擦产生振动、噪声；如果偏大，会使得门刀与门锁(滚轮)啮合深度减小，这可能导致门刀打不开门锁，引发电梯故障。

【检查】

为了检查人员的安全，建议两个人配合完成此条检查，另外检查人员应注意轿厢的停靠位置，防止坠入井道等危险事故发生。

电梯处于检修状态，站在轿顶的检查人员，使轿厢停在门刀与层门地坎处在同一平面的位置，打开层门，检查人员在候梯厅用直角尺测量门刀与层门地坎间的水平距离，从第二层至顶层逐层检查测量；站在轿顶的检查人员，使轿厢停在轿厢地坎与门锁滚轮在同一平面上的位置，打开轿门，轿内检查人员用直角尺测量门锁滚轮与轿门地坎间的水平距离，从第一层至次顶层(顶层的下一层)逐层检查测量。

4.5.6 层门地坎水平度不得大于2/1000，地坎应高出装修地面2~5mm。

【释义】

层门地坎水平度偏大，会造成以下不良后果：其一层门导靴从地坎中滑脱，影响层门开、关运行，严重时可能导致人员坠入井道；其二地坎两端高出装修地面的高度不一，影响美观，若地坎一端低于装修地面现象出现，就不能防止水等流体流入井道。

本款要求层门地坎高出已完成的装修地面2~5mm，主要从以下两个方面考虑：其一避免流体(如：水、油等)从候梯厅流入井道；其二如果过高，则不利于乘客进出轿厢，容易绊脚引发安全事故，另外也不利于装卸货物。

【检查】

电梯处于检修状态，将电梯分别在每一层站停层，使门完全打开，用水平尺测量层门地坎水平度。

在每层站候梯厅，用直角尺在开门宽度的两端分别测量地坎高出装修地面的高度，需注意的是：此测量是基于装修地面水平，如不水平建设单位应及时补救。如果建筑物装修工作还没有完成，可测量地坎高出本规范第4.2.5条8款要求的每层楼面水平面基准标识的高度。

4.5.7 层门指示灯盒、召唤盒和消防开关盒应安装正确，其面板与墙面贴实，横竖端正。

【释义】

本条是为了保证安装层门指示灯盒、召唤盒、消防开关盒等部件的观感质量。面板与墙面贴实是指：指示灯盒、召唤盒、消防开关盒的面板(通常为不锈钢、树脂、铝型材板等)背面与墙面或墙的装饰面贴实。另外要求面板要横竖端正，以免出现缝隙或不正，影响美观。如果在安装时墙面或装饰面还没有完成施工，可临时固定，待墙面或装饰面施工完成后调整、固定。

【检查】

观察层门指示灯盒、召唤盒和消防开关盒的面板应与墙面贴实，且横竖端正；用手晃动或试拔这些部件，应可靠固定。

4.5.8 门扇与门扇、门扇与门套、门扇与门楣、门扇与门口处轿壁、门扇下端与地坎的间隙，乘客电梯不应大于6mm，载货电梯不应大于8mm。

【释义】

如果本条所要求的部件之间的间隙偏大，不仅影响美观，而且容易造成夹手，异物坠入井道等危险。安装过程中施工人员还要注意，这些间隙的最小值，应满足安装说明书的要求，以免过小引起摩擦、刮碰现象。

【检查】

电梯处于检修状态，将电梯分别在每一层站停层，进行以下两个步骤的测量：

在关门状态下，在候梯厅和轿厢内分别用钢板尺或直角尺测量门扇与门扇、门扇与门套、门扇与门楣、门扇与门口处轿壁、门扇下端与地坎的间隙；

在开门状态(完全打开)下，在侯梯厅和轿厢内分别用钢板尺或直角尺测量门扇与门扇、门扇与门套、门扇与门口处轿壁的间隙。

应注意：在测量上述某一间隙时，应在此间隙两端分别进行测量。另外，有关轿门及其与轿厢前壁之间的间隙可只在最低、中部、最高三个端站测量。

4.6 轿 厢

轿厢是运载乘客或其他载荷的轿体部件，安装、检修人员也常将轿厢作为井道内一些部件安装、检修的操作台。轿厢分项工程的质量直接关系乘客、安装、检修人员的安全及电梯使用性能。同一生产厂的轿厢也有多种种类和型号，它们安装工艺有所差异，因此安装人员应按照电梯安装说明书(或施工工艺)进行施工。

4.6.1 当距轿底面在 1.1m 以下使用玻璃轿壁时，必须在距轿底面 0.9～1.1m 的高度安装扶手，且扶手必须独立地固定，不得与玻璃有关。

【释义】

本条是针对采用玻璃轿壁的轿厢。当距离轿底面 1.1m 以下使用玻璃作为轿壁时，为防止玻璃破碎后人员的跌落入井道，同时使乘客在心理上具有安全感，要求必须在 0.9～1.1m 高度范围内安装设置扶手。为了保证扶手的安全可靠，具有一定强度，要求扶手独立固定、完全与玻璃无关，防止"玻璃碎，扶手去"的现象发生。

【检查】

如果是采用玻璃轿壁的轿厢，首先用钢卷尺测量轿厢底面与玻璃下端的距离，确认是否必须安装扶手。如果必须安装扶手，观察其固定方式是否与玻璃无关，用钢卷尺测量扶手中心至轿厢底面的距离，用手检查扶手的固定是否牢固。

4.6.2 当轿厢有反绳轮时，反绳轮应设置防护装置和挡绳装置。

【释义】

本条规定主要依据 GB 7588-1995 第 8.13.2 条要求，出于以下几个目的：a)防止反绳轮旋转时对安装、维修人员造成伤害；b)防止杂物进入反绳轮的沟槽内；c)防止绳从反绳轮槽中脱出。

另外，参照 EN81-1:1998 第 8.13.6 条，当反绳轮在轿厢底下时，如果反绳轮旋转时不会对安装、维修人员造成伤害，则可不设置上述 a)方面的防护装置，但是应设置上述 b)、c)方面的装置。

应注意的是：挡绳装置与绳之间的间隙，因结构不同、产品不同而异，因此安装调整后，此间隙值应满足安装说明书要求。

【检查】

如果反绳轮在轿顶，在电梯检修状态下，检查人员站到轿顶，观察是否安装了防护装置和挡绳装置，用钢板尺或塞尺测量挡绳装置与绳之间的间隙，检查挡绳装置的固定是否可靠。如果反绳轮在轿底，在电梯检修状态下，检查人员站到底坑，进行上述检查。

4.6.3 当轿顶外侧边缘至井道壁水平方向的自由距离大于 0.3m 时，轿顶应装设防护栏及警示性标识。

【释义】

为了防止安装、检修人员在轿顶进行安装、检修或救援操作时，从轿顶外侧边缘与井道壁之间的间隙坠落，要求轿顶外侧边缘至井道壁水平方向有大于 0.3m 的自由距离时，轿顶应装设防护栏。如果井道壁上有宽度或高度小于 0.3m 的凹坑时，则在此凹坑处，此距离可稍大一点。

如果需要装设防护栏，为了避免轿顶人员有意识的压靠防护栏上，导致危险，要求防护栏设有警示性标识。警示性标识可采用警示性颜色或警示性标语、标牌。警示性标语、标牌应包含有关"俯扶或斜靠护栏危险"的内容及须知,或警示符号。

另外,防护栏设计时应满足下列要求:

a)护栏应由扶手、0.10m高度的护脚板和位于护栏高度一半处的中间栏杆组成。

b)考虑到护栏扶手外缘水平的自由距离,扶手高度为:

Ⅰ)当自由距离不大于0.85m时,不应小于0.7m;

Ⅱ)当自由距离大于0.85m时,不应小于1.10m。

c)扶手外缘和井道中的任何部件[对重(或平衡重)、开关、导轨、支架等]之间的水平距离不应小于0.10m。

d)护栏入口,应使人员安全和容易地通过,以便进入轿顶。

e)护栏应装设在距轿顶边缘最大为0.15m之内。

【检查】

在电梯检修状态下,检查人员站到轿顶,观察轿顶是否装有防护栏,如果没有,在轿厢运行全程范围内,测量轿顶外侧边缘至井道壁水平方向的自由距离,确定是否应设防护栏;如果有,观察和用钢卷尺测量,防护栏应满足上述要求。

4.7 对重(平衡重)

对重是由曳引绳经曳引轮与轿厢相连接,在运行过程中平衡全部轿厢重量和部分额定载重量的装置,是保证曳引能力的重要部件,它用于曳引式电梯;平衡重是为节能而设置的平衡全部或部分轿厢重量的装置,与对重相比,它不平衡载重量,它用于强制式电梯和液压电梯,强制式电梯和液压电梯是否设置平衡重,是由产品设计决定的。

虽然对重(平衡重)的结构、安装比较简单,但是它们对电梯系统的作用很重要。安装施工时,应注意以下几点:对重(平衡重)块的数量应与电梯安装说明书要求的相符;对重(平衡重)块的固定应牢固可靠;反绳轮(如果有)防护装置和挡绳装置的固定应牢固可靠。

4.7.1 当对重(平衡重)架有反绳轮,反绳轮应设置防护装置和挡绳装置。

【释义】

本条是针对对重(平衡重)架设有反绳轮的情况,主要出于两个目的:其一是防止杂物进入反绳轮的沟槽内;其二是防止绳从反绳轮槽中脱出。

应注意的是:挡绳装置与绳之间的间隙,因产品不同而异,因此安装调整后,此间隙值应满足产品安装说明书要求。

【检查】

在对重安装完成时,观察对重(平衡重)架是否有反绳轮;如果有反绳轮,观察是否安装了防护装置和挡绳装置;用钢板尺或塞尺测量挡绳装置与绳之间的间隙;检查挡绳装置的固定是否可靠。

4.7.2 对重(平衡重)块应可靠固定。

【释义】

要求对重(平衡重)块可靠固定,是为了防止对重(平衡重)块从其框架内意外脱出,造成重大安全事故,以及避免电梯启动、制动时,对重(平衡重)块相互窜动,产生振动、噪声,影响电梯性能。

【检查】

在电梯检修状态下,检查人员站在轿顶上,操纵电梯使轿厢向提升高度中部附近运行,运行到检查人员容易观察、检查对重(平衡重)块固定装置的位置停止,按安装说明书要求,检查对重(平衡重)块固定方法是否正确、是否可靠。

4.8 安全部件

电梯是乘客或运送货物上、下建筑物的交通工具,要求具备较高的安全性、可靠性,安全部件是用来防止电梯发生可能的重大安全事故。GB 7588-1995附录F型式试验认证规程，对门锁装置、限速器、安全钳、缓冲器四种安全部件的型式试验作了相应规定，本规范中的安全部件是以通过上述型式试验认证规程为前提，因此要求提供它们合格的型式试验证书复印件。

本节的安全部件是指限速器、安全钳、缓冲器，由于门锁装置是层门的一部分，其安装质量受层门整体安装质量影响较大，因此将其并在4.5节门系统中。

限速器是当电梯的运行速度超过额定速度一定值时，其动作能导致安全钳起作用的安全装置；安全钳装置是限速器动作时，使轿厢或对重停止运行、保持静止状态，并能夹紧在导轨上的一种机械安全装置；缓冲器是位于行程端部，用来吸收轿厢动能的一种弹性缓冲装置。在生产厂组装、调定后，限速器、安全钳、缓冲器分别整体出厂，除特殊要求外，现场安装时，不允对其调定结构进行调整。

*4.8.1 限速器动作速度整定封记必须完好，且无拆动痕迹。

见第8章。

*4.8.2 当安全钳可调节时，整定封记应完好，且无拆动痕迹。

见第8章。

4.8.3 限速器张紧装置与其限位开关相对位置安装应正确。

【释义】

限速器张紧装置限位开关的作用是在限速器钢丝绳断裂或过度伸长时起作用，使电动机停止运转，防止危险进一步发生。如果限速器张紧装置与其限位开关的相对位置安装不正确，则会造成：其一若开关撞板与开关间隙偏小，容易导致开关误动作，影响正常电梯运行；其二若开关撞板与开关间隙偏大或根本打不到开关，张紧装置触及地面前或碰到导轨前，此开关仍未动作，因限速器钢丝绳松弛或断裂，导致限速器绳轮与钢丝绳之间打滑或绳轮停止旋转，则限速器不能实时可靠地监控电梯的运行速度，并且也降低了安全钳提拉力，使电梯在没有安全保护状态下运行，这会引发重大的安全事故。

限速器张紧装置和限位开关的安装位置，与产品设计结构有关，安装施工时，应严格按照产品安装说明书进行。

【检查】

检查人员进入底坑，按下底坑急停按钮，根据安装说明书要求位置、尺寸，用尺测量。应注意在离开底坑前，应将底坑急停按钮恢复。

4.8.4 安全钳与导轨的间隙应符合产品设计要求。

【释义】

安全钳与导轨的间隙只有在产品设计要求的范围内，才能达到安全钳使用性能，保证安全钳起到应有的保护作用。安全钳与导轨工作面(侧面、顶面)的间隙，应与产品安装说明书(或型式试验报告)中的数值相符。

【检查】

检查人员进入底坑，在检修状态，将轿厢停在容易观察、测量安全钳的位置，用钢板尺或塞尺测量安全钳与导轨工作面(侧面、顶面)的间隙。

4.8.5 轿厢在两端站平层位置时，轿厢、对重的缓冲器撞板与缓冲器顶面间的距离应符合土建布置图要求。轿厢、对重的缓冲器撞板中心与缓冲器中心的偏差不应大于 20mm。

【释义】

生产厂设计电梯产品时，就根据产品特点确定了轿厢在两端站平层时，轿厢、对重的缓冲器撞板与缓冲器顶面间的距离，并将此距离标注在在土建布置图或安装说明书上。安装时，如果此距离比设计值偏小，容易造成轿厢、对重误撞击缓冲器，增加故障率；如果偏大，因井道已按土建布置图施工完成，在电梯发生故障轿厢冲顶、碇底情况下，会导致轿顶检修空间减小，甚至造成轿厢、对重撞击井道顶或安装在井道顶部的部件，从而引发更大的安全事故。

为保证轿厢或对重撞击缓冲器时，轿厢或对重受力合理，要求安装施工应保证轿厢、对重的缓冲器撞板中心与缓冲器中心的偏差不大于20mm。

【检查】

检查人员进入底坑蹲下后，另一人员将轿厢开至底层且平层，检查人员用钢卷尺或钢板尺测量轿厢缓冲器撞板与缓冲器顶面的距离，用钢卷尺或钢板尺和线锤测量轿厢缓冲器撞板中心与缓冲器中心的偏差；然后将轿厢开至顶层且平层，用钢卷尺或钢板尺测量对重缓冲器撞板与缓冲器顶面的距离，用钢卷尺或钢板尺和线锤测量对重缓冲器撞板中心与缓冲器中心的偏差。

4.8.6 液压缓冲器柱塞铅垂度不应大于0.5%，充液量应正确。

【释义】

要求"液压缓冲器柱塞铅垂度不大于0.5%"是为了轿厢或对重撞击缓冲器时，保证液压缓冲器正常使用性能，且不被损坏。

检查充液量是否正确，其一防止因疏忽，没给液压缓冲器充油或充油量不足，影响其使用性能；其二防止充油量偏多，撞击液压缓冲器时，造成油液外溢、四溅，污染环境。

液压缓冲器的充液量应在设计要求的范围，即：油液应在油位指示器的最大和最小刻度之间。

【检查】

如果电梯选用液压缓冲器，则检查人员进入底坑，按下底坑急停按钮；用线锤、钢卷尺或钢板尺测量柱塞铅垂度；观察油位指示器，油液应在最大和最小刻度之间；观察缓冲器是否漏油，如有漏油现象，应查明原因，及时补救。应注意在离开底坑前，应将底坑急停按钮恢复。

4.9 悬挂装置、随行电缆、补偿装置

电梯悬挂装置通常由端接装置、钢丝绳、张力调节装置组

成，其安装质量直接关系人身安全和影响电梯的性能。

随行电缆是连接于运行的轿厢底部与井道内控制线固定点之间的电缆；补偿装置是用来平衡电梯运行过程中钢丝绳和随行电缆重量的装置。随行电缆、补偿装置除安装固定可靠、防止脱落外，因为它随轿厢运行时，还要注意不能与井道和井道内其它装置刮碰、摩擦。

*4.9.1 绳头组合必须安全可靠，且每个绳头组合必须安装防螺母松动和脱落的装置。

见第8章。

4.9.2 钢丝绳严禁有死弯。

【释义】

钢丝绳出现死弯时，会产生以下不良后果：降低钢丝绳的强度和疲劳寿命；加速钢丝绳和绳轮的磨损；增加电梯振动和噪声；对曳引式电梯还降低曳引能力。安装人员在搬运钢丝绳、量绳裁绳、放绳，以及吊起轿厢和对重等操作，应注意按照安装说明书(安装工艺、操作规程)进行，以防止钢丝绳出现死弯现象。

【检查】

电梯在检修状态下，使轿厢进行全行程运行，检查人员站在轿顶和机房内容易观察钢丝绳的位置，观察钢丝绳。

4.9.3 当轿厢悬挂在两根钢丝绳或链条上，且其中一根钢丝绳或链条发生异常相对伸长时，为此装设的电气安全开关应动作可靠。

【释义】

轿厢悬挂在两根钢丝绳或链条上的情况，主要用于强制式电梯，曳引式电梯很少采用两根钢丝绳悬挂轿厢。当轿厢悬挂在两根钢丝绳或链条上，如两根钢丝绳中的一根钢丝绳异常相对伸长时，则使另一根钢丝绳的张力增大，磨损增加，甚至导致断裂，因此要求为此而装设的电气安全开关，应可靠动作，目的是防止危险进一步扩大。安装时应注意，操作开关的打板与开关的位置应符合安装说明书要求。

【检查】

电梯以检修速度运行，人为使此开关动作，电梯应停止运行；用钢卷尺或钢板尺测量操作开关的打板与开关的位置。

4.9.4 随行电缆严禁有打结和波浪扭曲现象。

【释义】

随行电缆安装时，若出现打结和波浪扭曲，容易使电缆内芯线折断、损坏绝缘层，电梯运行时，还会引起随行电缆摆动，增大振动，甚至导致其刮碰井道壁或井道内其他部件，引发电梯故障。

【检查】

检查人员站在轿顶，电梯以检修速度从随行电缆在井道壁上的悬挂固定部位向下运行至底层，观察随行电缆；检查人员进入底坑，电梯以检修速度从底层上行，观察随行电缆。

4.9.5 每根钢丝绳张力与平均值偏差不应大于 5%。

【释义】

悬挂钢丝绳每根钢丝绳张力相差较大时，会使钢丝绳与绳轮的磨损不均，振动、噪声增加，对于曳引式电梯还会影响曳引能力，因此要求安装人员注意调整每根钢丝绳张力，使之满足本条要求。

【检查】

检查人员到轿顶，在与电梯运行方向垂直的同一平面上用弹簧拉力计分别拉每根钢丝绳并使位移量相同，计算拉力平均值，根据平均值计算偏差。测量也可使用张力计等其他测量仪器。

4.9.6 随行电缆的安装应符合下列规定：

1. 随行电缆端部应固定可靠。

2. 随行电缆在运行中应避免与井道内其他部件干涉。当轿厢完全压在缓冲器上时，随行电缆不得与底坑地面接触。

【释义】

端部是指随行电缆在井道壁和轿厢上固定部位。固定可靠是指端部的固定方法、位置应符合安装说明书的要求，并不是指固定部件把随行电缆端部夹得(或拧得)越紧越好,太紧会造成随行电缆绝缘层损坏、内芯线容易折断等缺陷。

如果随行电缆与井道内其它部件干涉,会导致随行电缆被挂断或绝缘层损坏,同样,当轿厢完全压在缓冲器上时,随行电缆若与底坑地面接触,会磨损绝缘层,以及容易擦碰、挂在底坑内其他部件,引发安全事故。

【检查】

电梯在检修状态,检查人员站在轿顶,将轿厢停在容易观察、检查随行电缆井道壁固定端的位置,检查随行电缆端部固定是否符合安装说明书的要求;检查人员进入底坑,将轿厢停在容易观察、检查随行电缆轿厢固定端的位置,检查随行电缆端部固定,应符合安装说明书的要求。

电梯在底层平层后,检查人员测量随行电缆最低点与底坑地面之间的距离,该距离应大于轿厢缓冲器撞板与缓冲器顶面之间的距离与轿厢缓冲器的行程两者之和的一半。也可以通过以下方法:人为将下极限开关、下强迫减速开关短接,检查人员蹲下后,使轿厢完全压在缓冲器上,检查人员观察随行电缆,不得与底坑地面接触。

4.9.7 补偿绳、链、缆等补偿装置的端部应固定可靠。

【释义】

本条主要是为了避免因端部固定不可靠,补偿装置脱落,导致安全事故。补偿装置的端部的固定因产品不同而异,具体安装施工应符合安装说明书和施工工艺的要求。

【检查】

电梯在检修状态,检查人员站在轿顶,将轿厢停在容易观察、检查对重固定端的位置,检查补偿装置的端部固定,应符合安装说明书的要求;检查人员进入底坑,将轿厢停在容易观察、检查补偿装置与轿厢固定端的位置,检查补偿装置端部固定,应符合安装说明书的要求。

4.9.8 对补偿绳的张紧轮,验证补偿绳张紧的电气安全开关应动作可靠。张紧轮应安装防护装置。

【释义】

如果补偿绳伸长，张紧轮下移超过低部极限位置后，可能造成补偿绳松弛，这会降低曳引能力，增加电梯振动、噪声，因此要求验证补偿绳张紧的电气安全开关应动作可靠。动作可靠是指开关通断动作，对安装施工而言，是通过开关和操作打板的相对位置符合安装说明书要求来保证。

张紧轮防护装置包括以下几个方面：其一张紧轮安装在底坑，因为有些安装、检修操作需要工作人员在底坑进行，因此应防止张紧轮旋转时对安装、维修人员造成伤害；其二是防止杂物进入张紧轮的沟槽内；其三是防止绳从张紧轮槽中脱出。

【检查】

如果补偿装置为补偿绳，则电梯在检修速度状态，检查人员进入底坑，观察是否安装了防护装置和挡绳装置；用钢板尺或塞尺测量挡绳装置与绳之间的间隙，检查挡绳装置的固定是否可靠；验证补偿绳张紧的电气安全开关和操作打板的相对位置应符合安装说明书要求；人为使开关动作，电梯应停止运行。

4.10 电气装置

随着电梯拖动、控制技术的集成化、模块化发展，电梯控制系统[如控制柜(屏)]的设计、组装以及测试等工作已在生产厂内完成，因此电梯的电气装置分项工程主要是电气装置的现场电气配线、接线、接地及与其相关的调试。规范电气装置分项工程质量验收的目的，是为了防止发生损害人身安全及损坏设备等事故；保证实现设备正常运转及维护工作的顺利进行；避免给救援等工作造成困难。

*4.10.1 电气设备接地必须符合下列规定：

1. 所有电气设备及导管、线槽的外露可导电部分均必须可靠接地(PE)；

2．接地支线应分别直接接至接地干线接线柱上，不得互相连接后再接地。

见第 8 章。

4.10.2　导体之间和导体对地之间的绝缘电阻必须大于 $1000\Omega/V$，且其值不得小于：

1．动力电路和电气安全装置电路：$0.5M\Omega$；

2．其他电路（控制、照明、信号等）：$0.25M\Omega$。

【释义】

规定导体之间和导体对地之间的绝缘电阻，主要是防止发生人员触电，避免因导体短路损坏设备，以及防止电磁干扰影响电梯正常运行，引发安全事故。

需要注意的是：在测量含有电子设备或者其它低压控制回路的导体之间和导体对地之间的绝缘电阻时，应该脱离导线与低压控制设备或电子设备的连接，避免损坏电梯的电子器件。

【检查】

通常使用兆欧表测量，或按产品设计要求的方法和仪器进行测量。

4.10.3　主电源开关不应切断下列供电电路：

1．轿厢照明和通风；

2．机房和滑轮间照明；

3．机房、轿顶和底坑的电源插座；

4．井道照明；

5．报警装置。

【释义】

电梯的主电源开关，是用来接通和断开电梯驱动主回路和电梯控制回路的开关。

在安装调试和检修电梯设备时，往往需要断开电源主开关，如果电源主开关同时切断 a)轿厢照明和通风；b)机房和滑轮间照明；c)机房、轿顶和底坑的电源插座；d)井道照明，则会影响调试和检修工作的顺利进行，也会因工作环境的光线不足，引发安全事故。

通常电梯的主电源开关具有过流保护功能(或过载保护功能),它所能够通过的电流为电梯正常运行时可能出现的最大电流。当发生故障时(例如主回路短路),保护功能起作用将主电源开关断开,此时,如果电源主开关同时切断轿厢照明和通风及报警装置,在轿厢内没有足够光线和通风,以及无法与救援中心联络的情况下,因电梯急停而被困在轿厢内的乘客承受着一定的生理和心理压力,甚至可能会引发更大的危险,因此禁止电梯主电源开关切断轿厢照明和通风回路及报警装置。在上述情况下,如果井道照明被切断,则不利于紧急操作和救援顺利工作进行。

另外,从便于和防止误操作主电源开关的角度出发,安装过程中还应注意,如果多台电梯共用一个机房,每台电梯的主开关的操作机构应有易于识别的标示。

本条第1至5款设备的供电电路可通过另外的电路或通过与主开关的供电侧相连而获得。当通过与主电源无关的另外的电路供电时,应注意该电路中的其它设备不能影响供电的通断;通过与主开关的供电侧相连而获得供电时,正确的接法示例如图4.10.3-1所示,错误的接法示例如图4.10.3-2所示。

【检查】

检查人员断开电梯主电源开关,本条第1、2、4款要求的照明应依然保持亮的状态;用万用表测量机房、轿顶和底坑的电源插座,应保持有电;操作报警装置,应正常工作。如果多台电梯共用一个机房,观察每台电梯的主开关的操作机构应有易于识别的标示。

4.10.4 机房和井道内应按产品要求配线。软线和无护套电缆应在导管、线槽或能确保起到等效防护作用的装置中使用。护套电缆和橡套软电缆可明敷于井道或机房内使用,但不得明敷于地面。

【释义】

a)机房和井道内应按产品要求配线

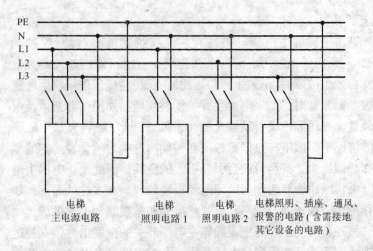

图 4.10.3-1 正确的接法示例

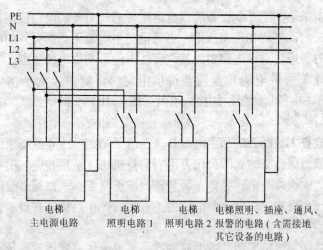

图 4.10.3-2 错误的接法示例

对于电梯产品，电梯出厂时提供的软线、电缆的长度是根据土建布置图中的土建结构尺寸和各部件的位置来确定的，机房（如果有）和井道内按产品设计要求配线是一项基本而重要的要求。在电梯安装工程中，如果施工人员不按产品的要求配线，可能产生以下不良后果：Ⅰ)造成大量的多余软线、电缆卷放在线槽或设备中，不利于散热和故障排除；Ⅱ)因为导线长度不够而不得不增加接头数量，使电梯故障率增加；Ⅲ)引起电磁干扰，影响电梯的正常功能和正常运行。

b)软线和无护套电缆

软线是指符合或不低于 GB 5013.4-1997 中第 3 章普通强度橡套软线[245IEC53(YZ)]和 GB 5023.5-1997 第 5 章轻型聚氯乙烯护套软线[227IEC52(RVV)]要求的导线；无护套电缆是指符合或不低于 GB 5023.3-1997 中第 2 章一般用途单芯硬导体无护套电缆[227IEC01(BV)]、第 3 章一般用途单芯软导体无护套电缆[227IEC02(RV)]、第 4 章内部布线用导体温度为 70℃ 的单芯实心导体无护套电缆[227IEC05(BV)]、第 5 章内部布线用导体温度为 70℃ 的单芯软导体无护套电缆[227IEC06(RV)]要求的电缆。

为了防止电梯的软线和无护套电缆因被刮碰、磕碰、踩踏而损伤，导致人员触电、短路、断路等事故发生，要求软线和无护套电缆不得明敷、安装在裸露部位，例如机房、轿顶、井道中、底坑，应放置在能够起到保护作用的金属或非金属的导管、线槽中使用，或是能确保起到等效防护作用的装置中使用，例如厅门门套、轿顶加强筋等。

线管或线槽敷设在机房或底坑地面及轿顶上人员可以踩踏部位上时，其结构应该具有足够的强度，以保证人员踩踏在上面时，不会造成永久的变形，产生的弹性变形也不应挤压其内的软线、电缆。

c)护套电缆和橡套软电缆

护套电缆是指符合或不低于 GB 5023.4-1997 第 2 章轻型聚氯乙烯护套电缆[227IEC10(BVV)]要求的电缆，橡套软电缆是指符合或不低于 GB 5013.4-1997 中第 5 章重型氯丁或其他相当的合成弹性体橡套软电缆[245IEC66(YCW)]要求的电缆。

因为护套电缆和橡套软电缆的外层可以起到一定的防护作用，因此允许明敷在井道壁、机房墙壁，地坑壁上。为了防止它们晃动及被挂、碰，应按产品安装说明书要求可靠地固定。由于护套电缆和橡套软电缆的外层，在被踩踏或被硬物、锐物砸到时，也会被损坏，因此要求它们不能明敷在机房或底坑地面及轿顶上可能被踩踏的部位上。

上述的橡套软电缆可用于连接移动设备(但不能作为轿厢的随行电缆)或用于易受振动的场合。

【检查】

在机房内、底坑内观察，配线符合按产品要求(安装说明书、电气原理图)；试踏线槽、导管；并用手检查固定部位，应牢固；

电梯在检修状态，检查人员站在轿顶观察，配线符合按产品要求(安装说明书、电气原理图)；试推线槽、导管；并用手检查固定部位，应牢固。

4.10.5 导管、线槽的敷设应整齐牢固。线槽内导线总面积不应大于线槽净面积 60%；导管内导线总面积不应大于导管内净面积 40%；软管固定间距不应大于 1m，端头固定间距不应大于 0.1m。

【释义】

要求"导管、线槽的敷设应整齐"主要是为了保证导管、线槽的安装的整洁、美观，及便于查找、检修、调试；"牢固"是为了防止导管、线槽离开原固定位置，损坏其内导线及造成不整齐，具体固定方式、位置应符合安装说明书要求。

限制线槽或导管内导线面积是为了保证导线和电缆在导管、线槽中的散热空间，防止火灾发生，以及在安装、检修时，导线和电缆从导管中穿入或抽出方便，因此要求线槽内导线总面积不大于线槽净面积 60%，导管内导线总面积不应大于导管内净面积 40%。

软管固定间距过大时，由于软管(如：金属软管或塑料波纹管)具有一定的柔性，会出现翘起、弯曲、下垂等现象，容易发生被挂、碰、剪切等危险情况，导致其或其内导线和电缆被损坏。尤其是安装在井道中的软管，一旦翘起，则可能进入到电梯轿厢、层门或对重的运行区域，被挂碰和剪切后，会造成设备的损失和影响电梯的正常工作。

【检查】

在机房内、底坑内观察导管、线槽的敷设；电梯在检修状态，检查人员站在轿顶，观察轿顶、井道壁导管、线槽的敷设。

对于导管，可在导管端部目测或用钢卷尺或钢板尺等仪器测量并计算导管的内截面积和其内导线的面积；对于线槽，打开线槽盖后，目测或用钢卷尺或钢板尺等仪器测量线槽内截面积和其内导线的面积；用钢卷尺测量软管固定间距。

目测或用钢卷尺测量软管固定间距及端头的固定间距。

4.10.6 接地支线应采用黄绿相间的绝缘导线。

【释义】

要求接地支线采用黄绿相间的绝缘导线是为了容易识别和比较醒目，也是为了规范接地支线，便于安装、维修。

应该注意的是：黄绿相间的绝缘导线应仅用于作为接地线而不能另做它用。

【检查】

按电气原理图、安装说明书观察。

4.10.7 控制柜(屏)的安装位置应符合电梯土建布置图中的要求。

【释义】

在电梯土建布置图上确定电梯的控制柜(屏)安装位置时，一般已经考虑了以下几个因素：a)机房地面的受力，供电电源的进线位置，导管、线槽的位置和走向，控制柜(屏)的检修空间等因素；b)在确定电线、电缆的长度时，一般也要参考控制柜(屏)到驱动主机的距离，控制柜(屏)到井道出线口的距离和控制柜(屏)到各电源开关的距离；c)考虑控制柜(屏)的通风和散热。综上所述，在安装控制柜(屏)时，其位置一定要符合电梯土建布置图中的要求。如果控制柜(屏)是挂壁式安装，其悬挂高度和位置也要符合电梯土建布置图。

【检查】

目测或用钢卷尺测量主要尺寸。

4.11 整机安装验收

如前所述，电力驱动的曳引式或强制式电梯安装工程是电梯产品的现场组装、调试过程，它不同于一般设备的就位安装。在很大程度上，电梯安装工程质量最终决定了能否实现电梯产品设计要求的技术性能、安全性能、运行质量等技术指标，因此电梯整机安装检验的目的主要是检查安全性能有关的安装和调整是否正确及检查其组装件的坚固性、技术性能、整机运行及观感质量等内容，是对安装调试质量总的检验。

4.11.1 安全保护验收必须符合下列规定：

1．必须检查以下安全装置或功能：

1)断相、错相保护装置或功能

当控制柜三相电源中任何一相断开或任何二相错接时，断相、错相保护装置或功能应使电梯不发生危险故障。

注：当错相不影响电梯正常运行时可没有错相保护装置或功能。

【释义】

目前绝大多数电梯采用三相交流电作为供电电源，三相交流电动机绕组之间存在着相位关系，在一般情况下，保证输入三相电动机的三相交流电源的相序正确，才能够保证三相电动机的可靠运行。

如果电梯在缺相情况下启动，可能造成电动机过流、过热；如果电梯运行过程中发生缺相，可能造成电动机过热。如果电梯在错相情况下启动，若不能实现启动则造成电机过流，若启动则可能发生电梯控制系统混乱，导致电梯不能正常运行、安全保护系统失去作用。因此缺相或错相可能造成人身安全事故、损坏设备,在发生故障时,也不利于救援工作。另外,有些电梯产品采用了回馈制动方式,在轿厢重载(轿内载荷大于对重平衡的额定载重量)下行或轻载(轿内载荷小于对重平衡的额定载重量)上行时,要向电网馈电,若此时相序错误,将使电梯系统无法向电网正常馈电,导致危险故障发生。

值得一提的是:断相、错相保护可采用保护装置(如相序继电器),也可采用保护功能,即:在电路中使用特殊设计来达到保护作用。

随着控制技术的发展,特别是调频调压技术在电梯领域的广泛应用,有些情况下,错相不会影响电梯正常运行。例如,驱动主机采用交-直-交型变频器交流调压调频调速控制的异步电机的电梯,发生错相时,不会影响正常运行,此时,这类产品设计时,就不需要单独设置错相保护装置。

【检查】

断开主电源开关,在电源输入端,检查人员分别断开电源中的一相,再接通主电源开关,检查电梯是否能正常启动;断开主电源开关,检查人员任意调换三相电源中的两相相序,再接通主电源开关,检查电梯是否能正常启动。值得注意的是,检查人员在进行断开或调换相序操作时,必须先将断开主电源开关断开。

2)短路、过载保护装置

动力电路、控制电路、安全电路必须有与负载匹配的短路保护装置;动力电路必须有过载保护装置。

【释义】

直接与主电源连接的电动机应装设与负载相匹配的短路保护,防止在发生短路时,电源或电气设备遭受机械的和热的损伤或毁坏。出于同样目的,本项要求控制电路、安全电路也应装设与负载匹配的短路保护装置。

直接与主电源连接的电动机应设置自动断路器切断其全部供电来实现过载保护,或通过监测电动机绕组温升来切断电动机供电来实现过载保护。

当电梯电动机的过载保护通过监测电动机绕组温升来实现时，电动机(绕组)的温度超过其设计规定值，温度监控装置动作，轿厢应停在层站，使乘客离开轿厢，不再继续运行；电机充分冷却后，电梯可自动恢复正常运行。

如果电动机具有多个不同电路供电的绕组，则每一绕组均应设置过载保护装置。

【检查】

核查短路保护装置和过载保护装置，应与电气原理图或安装说明书上要求的参数相符；如果采用监测电动机绕组温升来实现过载保护，人为使电动机过载保护动作(注：可按照安装、调试说明书中的方法)，电梯应停层，且不能继续运行。

3) 限速器

限速器上的轿厢(对重、平衡重)下行标志必须与轿厢(对重、平衡重)的实际下行方向相符。限速器铭牌上的额定速度、动作速度必须与被检电梯相符。限速器必须与其型式试验证书相符。

【释义】

通常限速器的动作与限速器绳轮的运动方向有关，因此应保证限速器的下行标志与轿厢(对重、平衡重)的实际下行方向一致，否则会导致限速器的非正常动作或不起作用。以凸轮式限速器为例：轿厢运动时，限速器绳轮在钢丝绳与其摩擦力的作用下转动，当轿厢下行速度超过一定值时，限速器动作卡住绳轮，提拉安全钳。如果安装方向错误，限速器达到动作速度时，棘爪无法进入绳轮的制停槽内，则限速器轮不能停止转动，无法提拉安全钳，这就造成了轿厢超速时，限速器—安全钳的超速制停保护系统失去作用。在电梯安装工程中，时有发生因安装人员疏忽，造成限速器下行标志与其实际安装下行方向不相符，使电梯处在危险状态下运行，这种情况对于安装人员自身，也是很危险的，因此限速器安装时，安装单位项目负责人，就应按本款或企业标准自检。

限速器出厂时设有铭牌，铭牌上标明以下内容：a)限速器制造厂名称；b)动作速度；c)电梯额定速度。在限速器出厂前动作速度根据电梯额定速度已整定完成，为了避免多个子分部工程时，限速器相互混淆，或出厂时发错，要求检查限速器铭牌上的额定速度、动作速度，应与被检电梯相符合。

如果有对重(平衡重)安全钳，因对重(平衡重)限速器与轿厢限速器动作速度不同，现场安装时，还要注意将两者区分开，以避免错装。

在限速器的型式试验证书中，记录了限速器的生产厂、型号和应用、绳的直径和结构，以及动作速度和其动作时绳的张紧力的检测值，确定了该限速器所适用电梯额定速度和与之配套安全钳的提拉力。这些内容可直接作为限速器选用的依据，因此要求限速器应与其型式试验证书相符。承担限速器安全性能检测的单位，应符合本规范第3章基本规定的相应规定，经过政府主管部门考核授权，取得相应资质。

【检查】

电梯在检修状态下行，观察限速器运转方向，应与其对应标示方向相符；如果有对重(平衡重)限速器，轿厢上行，观察限速器运转方向，应与其对应标示方向相符。核查限速器铭牌内容与其型式试验证书；核查限速器铭牌内容与被检电梯的额定速度、动作速度等内容。

4)安全钳

安全钳必须与其型式试验证书相符。

【释义】

安全钳作为轿厢坠落及超速的安全保护装置，其性能直接关系到乘客的人身安全。

在安全钳的型式试验证书中，记录了安全钳的生产厂、型号和应用、导轨工作面宽度，以及额定速度或限速器最大动作速度、总容许质量(P+Q)的检测值，这些内容可直接作为安全钳选用的依据，因此要求安全钳应与其型式试验证书相符。总容许质量(P+Q)是指轿厢空载重量P与额定载重量Q总和。

为了避免多个子分部工程时安全钳相互混淆，或出厂时发错，还应检查安全钳铭牌上的额定速度或限速器最大动作速度、总容许质量是否与被检电梯相符，以免错装。

【检查】

核查安全钳铭牌内容与其型式试验证书；核查安全钳铭牌内容与被检电梯的额定速度或限速器最大动作速度、总质量($P+Q$)、导轨工作面宽度等参数。

5）缓冲器

缓冲器必须与其型式试验证书相符。

【释义】

缓冲器作为轿厢在冲顶或礅底时的安全保护装置，起着吸收和消耗轿厢和对重能量的作用，保护轿内乘客和设备的安全。

在缓冲器的型式试验证书中，记录了缓冲器的生产厂、型号和应用，以及额定速度或最大撞击速度、最大和最小总容许质量($P+Q$)的检测值，这些内容可直接作为缓冲器选用的依据，因此要求缓冲器应与其型式试验证书相符。

为了避免多个子分部工程时，缓冲器相互混淆，或出厂时发错，还应检查缓冲器铭牌上的额定速度或最大撞击速度、动作行程、总容许质量与被检电梯相符，以免错装。

【检查】

核查缓冲器铭牌内容与其型式试验证书；核查缓冲器铭牌内容与被检电梯要求的缓冲器额定速度或最大撞击速度、总质量($P+Q$)。

6）门锁装置

门锁装置必须与其型式试验证书相符。

【释义】

为了保证层门的有效锁闭，避免由于层门的意外开启而造成人员剪切、坠落等危险，因此每个层门必须安装门锁装置。门锁装置是电梯的主要安全部件之一。

在门锁装置的型式试验证书中，记录了门锁装置的生产厂、型号和应用,以及电路的类别(交流或直流)、额定电压、额定电流等技术内容,这些内容可直接作为门锁装置选用的依据,因此要求门锁装置应与其型式试验证书相符。

【检查】

按型式试验证书核对。

7)上、下极限开关

上、下极限开关必须是安全触点,在端站位置进行动作试验时必须动作正常。在轿厢或对重(如果有)接触缓冲器之前必须动作,且缓冲器完全压缩时,保持动作状态。

【释义】

上、下极限开关是验证电梯运行至极限位置的部件,应在轿厢或对重(如果有)接触缓冲器之前动作,使驱动主机制动器制动,以尽量避免撞击或高速撞击缓冲器。缓冲器完全压缩时,上、下极限开关保持动作状态,避免电梯再次启动运行,使事故扩大。

为了使上、下极限开关可靠通断,电梯产品设计时,应采用符合 GB 7588-1995 第 14.1.2.2 要求的安全触点。在安装时"动作正常"应从以下方面保证:极限开关的位置、极限开关的打(撞)板的位置、极限开关与其打板的相对位置均应符合产品安装说明书要求。

【检查】

以检修速度移动轿厢,并使轿厢能够到达上、下极限位置,当轿厢到达极限位置时,极限开关应动作,电梯应能分别停止上、下两方向运行;分别短接上下极限开关和限位开关,上行(下行)轿厢,使对重(轿厢)完全压在缓冲器上,检查极限开关应在缓冲器完全压缩时保持动作状态。

8)轿顶、机房(如果有)、滑轮间(如果有)、底坑停止装置

位于轿顶、机房(如果有)、滑轮间(如果有)、底坑的停止装置的动作必须正常。

【释义】

工作人员需要在轿顶、机房(如果有)、滑轮间(如果有)、底坑进行电梯安装调试、检修或救援操作,为了在操作过程中发生意外情况时,及时地停止电梯,防止发生人身安全事故,上述区域应设置停止装置。停止装置应为双稳态的,误动作不应使电梯恢复服务,在其上或其附近应有"停止"字样的标识。另外,为了防止检修运行或对接操作时,电梯意外运动或发生异常情况,工作人员能迅速地将电梯停止,GB 7588-1995还要求:电梯的检修控制装置上应有停止装置;对接操作的轿厢内应在距轿厢入口1米以内的位置设有易于识别的停止装置,且轿厢内停止装置只能用于对接操作。

本项中机房(如果有)的停止装置是指产品设计时为了保证安全需要在机房(如果有)内某一操作部位设置的停止装置,例如:当驱动主机与机房地面高度差很大,且工作人员在驱动主机周围不容易接近主电源开关时,在驱动主机周围增设的停止装置。机房(如果有)内是否设置停止装置由产品设计而定,但是一旦设置必须检查其是否动作正常。

从安装施工角度,停止装置的动作必须正常有以下几个方面的含义:a)停止装置的位置应便于迅速接近,满足安装说明书要求,如:滑轮间、底坑的停止装置应设置在接近入口的位置,轿顶的停止装置应设置在距检修或维护人员入口不大于1m的易于接近的位置;b)停止装置应可靠固定;c)停止装置的接线,应满足电气原理图要求,也就是能实现其功能;d)停止开关应可靠通断。

【检查】

分别使每个停止装置上的停止开关处于断开状态,电梯应不能启动;用钢卷尺测量停止装置(停止开关)的安装位置,应符合安装说明书的要求。

2. 下列安全开关,必须动作可靠:

1)限速器绳张紧开关;

【释义】

在底坑限速器绳张紧轮装置上应设有一安全开关，在限速器绳断裂或过度伸长时，该开关动作，使驱动主机的电动机停止运转。在限速器—安全钳联动系统中，保证限速器钢丝绳的张紧是非常重要的，因此在电梯安装工程整机检验中，应检查此开关的动作可靠性。

【检查】

电梯在检修状态，下行或上行，人为使此开关动作，电梯应停止运行。

2）液压缓冲器复位开关；

【释义】

液压缓冲器在动作后，在缓冲器没有恢复其正常伸长位置情况下，如果电梯还能运行，当轿厢或对重再次撞击缓冲器时，它将起不到缓冲作用。为了避免上述情况的发生，应设置一个安全开关，验证液压缓冲器动作后回复其正常伸长位置后，电梯才能运行。安装过程中应注意开关与其操作打板的相对位置应符合安装说明书要求。

【检查】

用钢卷尺测量复位开关安装位置；用手向下按压缓冲器柱塞，开关应动作，且在向下压缩至完全压缩过程中开关一直处在动作状态，取消外力，缓冲器没有恢复其正常伸长位置时，开关应一直处在动作状态后；开关动作后电梯应不能启动。

3）有补偿张紧轮时，补偿绳张紧开关；

【释义】

若补偿装置采用补偿绳时，需在底坑中设置张紧轮（张紧装置），张紧轮由重力保持其张紧状态，以防止补偿绳摆动或缠扭在一起，保证电梯的安全、平稳运行。为了防止补偿绳过度伸长、松弛或断裂，应设置一电气安全开关验证补偿绳处于张紧状态，以保证电梯在补偿绳正确张紧状态运行。安装过程中，应注意此开关与其操作打板之间的间隙应在安装说明书要求的范围内，偏小时，由于补偿绳的热涨伸长，容易造成误动作，一些安装人员为了减少这种误动作,将间隙调大,此时一定要注意,应保证此开关在张紧装置接触地面或下落到极限位置以前动作。

【检查】

电梯在检修状态,检修人员进入底坑,用钢卷尺测量此开关与其操作打板之间的安装位置;电梯以检修速度上行时,使此开关动作,电梯应停止运行。

4)当额定速度大于3.5m/s时,补偿绳轮防跳开关;

【释义】

当电梯速度较高时,可能出现张紧轮上下跳动现象,这会造成电梯系统强烈振动,引发安全事故,因此当电梯额定速度超过3.5m/s时,除应设有补偿绳张紧开关外,还应设置一个防跳装置,防跳装置动作时,应借助一个电气安全开关(防跳开关)使电梯驱动主机停止转动。

安装过程中,应注意此开关与其操作打板之间的间隙应在安装说明书要求的范围内,偏小时,由于补偿绳的冷缩,容易造成误动作,一些安装人员为了减少这种误动作,将间隙调大,此时一定要注意,应保证此开关在张紧装置到达上限位位置以前动作。

【检查】

电梯在检修状态,检修人员进入底坑,用钢卷尺测量此开关与其操作打板之间的安装位置;电梯以检修速度上行时,使此开关动作,电梯应停止运行。

5)轿厢安全窗(如果有)开关;

【释义】

如果轿顶设有救援和撤离乘客的轿厢安全窗,那么轿厢安全窗应设置一电气安全开关用来验证其锁紧状态,如果锁紧失效,该装置应使电梯停止,只有在重新锁紧后,电梯才能恢复运行。目的是为了防止援救人员正在轿顶救援轿厢内乘客时,轿厢意外运动,对工作人员和乘客造成危险,同时,也为了防止轿厢安全窗不在锁紧状态时,电梯启、制动时,产生噪声或振动。

【检查】

在检修运行状态下，打开轿厢安全窗，电梯应立即停止运行。

6)安全门、底坑门、检修活板门(如果有)的开关；

【释义】

当电梯设有安全门、底坑门、检修活板门时，设置电气安全开关验证其锁紧状态，以保证它们只有在锁紧状态，电梯才能运行。安全门是指轿厢安全门和井道安全门，轿厢安全门可设置在有相邻轿厢且两轿厢的水平距离不大于0.75m的情况；井道安全门见本规范第4.2.3条第3款的规定；底坑门见本规范第4.2.5条第3款的规定；这里的检修活板门是指通往井道的检修活板门。

【检查】

如果有安全门、底坑门、检修活板门，分别将他们人为打开，电梯应不能启动。

7)对可拆卸式紧急操作装置所需要的安全开关；

【释义】

本款的紧急操作装置是指平滑且无辐条的盘车手轮，可拆卸式是指电梯在正常运行时，卸下盘车手轮放置于驱动主机附近固定位置。本款根据EN81-1:1998，主要考虑电梯工作人员在安装调试、检修、救援等操作时，时有发生工作人员在盘车时，因疏忽未断开主电源开关，曳引机突然通电转动，将操作人员甩出摔倒，或因疏忽未取下盘车手轮，驱动主机就通电运转，导致盘车手轮甩出，砸伤人员或损坏设备。为了防止发生上述事故，设置一个符合GB 7588-1995第14.1.2条规定的电气安全装置最迟应在盘车手轮装上电梯驱动主机时动作，使电梯停止。

【检查】

电梯处在检修状态停止，人为动作此开关，电梯应不能启动，或按安装说明书要求检查。

8)悬挂钢丝绳(链条)为两根时，其防松动安全开关。

【释义】

本款的防松动安全开关见本规范第4.9.3条的规定。

【检查】

电梯以检修速度运行,人为动作此开关,电梯应停止运行。

4.11.2 限速器安全钳联动试验必须符合下列规定：

1. 限速器与安全钳电气开关在联动试验中必须动作可靠，且应使驱动主机立即制动；

【释义】

通常限速器上的电气安全开关，在轿厢上行或下行的速度达到限速器动作速度之前（或最迟在达到限速器动作速度时）动作，使驱动主机停止运转。

安全钳电气开关应最迟在安全钳动作时起作用使驱动主机停止运转。安装时应注意安全钳电气开关与其操作打板的相对位置应符合安装说明书要求。

【检查】

电梯以检修速度运行，人为使限速器下行、上行的电气安全开关分别动作，电梯应停止运行；轿厢停止在检查人员能够操作安全钳电气开关的位置，人为使其动作，电梯应不能启动。

2. 对瞬时式安全钳，轿厢应载有均匀分布的额定载重量，对渐进式安全钳，轿厢应载有均匀分布的125%额定载重量。当短接限速器及安全钳电气开关，轿厢以检修速度下行，人为使限速器机械动作时，安全钳应可靠动作，轿厢必须可靠制动，且轿底倾斜度不应大于5%。

【释义】

安全钳动作时所能吸收的能量已在型式试验中验证，电梯整机安装检验的目的是检查正确的安装、调整和检查整个组装件（包括轿厢、安全钳、导轨及其和建筑物的连接件）的坚固性。

本款规定了轿厢试验载荷和速度，试验应在轿厢正在下行期间，试验过程制动器打开，且电梯驱动主机应连续运转直至悬挂绳打滑或松弛。为了便于试验结束后轿厢卸载及松开安全钳，试验尽量在轿门对着层门的位置进行。试验之后，应确认未出现对电梯正常使用有不利影响的损坏，在特殊情况下，可以更换摩擦部件。

本款的轿底倾斜度不是相对于水平位置，而是相对于正常位置，所谓正常位置指轿厢分项工程验收合格时，轿厢地板的实际位置。

【检查】

可按以下内容进行试验：

a）在轿厢内使用水平尺和塞尺（或垫片），测量轿底正常位置。将本条第2款第1)项规定的试验载荷均匀分布在轿厢内，值得注意的是在轿内放置均布载荷时，应留出放置水平尺的位置。

b）短接限速器和安全钳电气安全开关，轿厢以检修速度向下运行，人为使限速器机械动作，轿厢应被安全钳可靠制动，试验时制动器打开，电梯驱动主机应连续运转直至悬挂绳打滑或松弛。

c）在a)相同位置用水平尺和塞尺测量动作后的轿底高度差，再计算安全钳动作后轿底相对于正常位置(动作前)的倾斜度。

试验完成后，可以利用检修运行或紧急电动运行上行轿厢，释放安全钳复位，并恢复限速器和安全钳电气安全开关；确认试验没有出现对电梯正常使用有不利影响的损坏。

＊4.11.3 层门与轿门的试验必须符合下列规定：

1．每层层门必须能够用三角钥匙正常开启；

2．当一个层门或轿门（在多扇门中任何一扇门）非正常打开时，电梯严禁启动或继续运行。

见第8章。

4.11.4 曳引式电梯的曳引能力试验必须符合下列规定：

1．轿厢在行程上部范围空载上行及行程下部范围载有125％额定载重量下行，分别停层3次以上，轿厢必须可靠地制停（空载上行工况应平层）。轿厢载有125％额定载重量以正常运

行速度下行时，切断电动机与制动器供电，电梯必须可靠制动；

2. 当对重完全压在缓冲器上，且驱动主机按轿厢上行方向连续运转时，空载轿厢严禁向上提升。

【释义】

由于本规范制订时，GB 7588-1995 正在根据 EN81-1:1998 修订，本条参照 EN81-1:1998 的内容制订，只适用于额定载重量和最大有效面积的关系符合 GB 7588-1995 第 8.2.1 条表 2 的乘客电梯和载货电梯的曳引能力试验。对于轿厢面积超出 GB 7588-1995 第 8.2.1 条表 2 的载货电梯和非商用汽车电梯，除满足本条规定外，还需按 GB 7588-1995 要求进行静态曳引检查。另外，本条试验进行前，应先按本规范第 4.11.5 条检查曳引电梯平衡系数，当平衡系数合格后，再进行本条试验。

第 1 款是模拟了对曳引式电梯曳引条件最不利的两种情况。轿厢在行程上部范围空载上行时，因是电梯运行的正常工况，所以试验后要求轿厢平层；轿厢在行程下部范围载有 125% 额定载重量下行，是一种试验状态，试验后只要求轿厢完全停止，不要求平层准确度。

第 1 款中的"轿厢载有 125% 额定载重量以正常运行速度下行时，切断电动机与制动器供电，电梯必须可靠制动；"是对驱动主机制动器制动能力的检查。制订时主要考虑"轿厢载有 125% 额定载重量"与曳引能力检查的载荷条件相同，为了防止检查时重复装卸砝码，故将此项要求列于此。该款中的"正常运行速度"是指额定速度。

第 2 款是为了防止在故障状态下，当对重完全压在缓冲器上，驱动主机按轿厢上行方向连续运转，因曳引能力过大（如曳引轮绳槽槽角过小或切口角过大等）或悬挂绳与绳槽卡住等情况，空载轿厢（或载有小载荷）向上提升，撞击井道顶部，造成人员伤害及设备的损坏。

【检查】

a) 轿厢在行程上部范围以空载额定速度上行，分别选顶层停

靠3次以上,轿厢均应平层。轿厢运行的起点,应能使电梯达到额定速度;

b)轿厢载有125%额定载重量以额定速度下行,分别选次底层(底层的上一层)停靠3次以上,轿厢均应可靠停止。轿厢运行的起点,应能使电梯达到额定速度。如果有防超载电气安全装置应先将其短接;

c)轿厢载有125%额定载重量以额定速度下行,到达次底层时,切断电动机与制动器供电,轿厢应可靠停止。轿厢运行的起点,应能使电梯达到额定速度;

d)电梯在检修状态,短接上极限开关和对重液压缓冲器开关,空载轿厢上行直至对重压在缓冲器上,驱动主机按轿厢上行方向连续运转时,轿厢严禁向上提升。

4.11.5 曳引式电梯的平衡系数应为 0.4~0.5。

【释义】

电梯的平衡系数是对重平衡额定载重量的那部分重量与额定载重量的比值,是曳引式电梯的重要性能指标之一。本条有两个含义:其一所测得的平衡系数应在0.4~0.5之间;其二所测得的平衡系数值应与电梯产品设计值相符。

通常电梯平衡系数采用电流-载荷法测量,即根据曳引电动机的电流随轿厢载荷的变化曲线,并结合测量:a)速度,当为交流电动机时;b)电压,当为直流电动机时。

【检查】

可按以下方法测得平衡系数:

a)轿厢内载荷分别为空载(可以包括司机一人)、及额定载重量的25%、40%、50%、75%、100%、110%七个工况,每个工况均作上、下两个端站间的直驶运行,如果层站过多,可以适当选取中间数个层站,在它们两端直驶运行。

b)用电流表测量驱动主机电动机输入电源任一相的电流;用电压表测量驱动主机电动机三相电源输入端的相电压;用转速表测量驱动主机电动机转速。按a)中要求,分别上、下运行,当轿厢经过全行程中部(此时轿厢和对重在同一水平位置上)时,读取并记录电压、电流、电机转速。应注意:变频变压调速电梯的电压和电流值均应在控制柜电源输入端测得。

c)若被检电梯防超载电气安全装置,在110%额定载重量时,电梯的超载装置动作使电梯不能运行,此时应将轿厢防超载装置短接后,再进行110%工况的检验。

d)以载荷与额定载重量的比值为横坐标(X轴),电流为纵坐标(Y轴),根据所记录数值分别作上、下运行的电流——载荷曲线,如图11.4.5电流-载荷法测量平衡系数示例所示,从两曲线的交点作与Y轴的平行线,平行线与X轴的交点即为平衡系数。

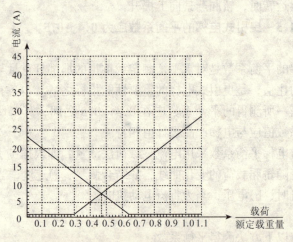

图4.11.5 电流-载荷法测量平衡系数示例

4.11.6 电梯安装后应进行运行试验;轿厢分别在空载、额定载荷工况下,按产品设计规定的每小时启动次数和负载持续率各运行1000次(每天不少于8h),电梯应运行平稳、制动可靠、连续运行无故障。

【释义】

电梯是在现场组装的产品,安装后的运行试验是检验电梯安装调试是否正确的必要手段。

本条要求在空载、额定载荷工况下进行运行,主要是考虑轿厢满载和空载工况,相对来说是电梯最不利的两种工况;从能够达到综合检验电梯安装工程质量的目的及考虑检验工作强度、时间等因素,要求在这两种工况下各运行 1000 次,运行一次是指电梯完成一个启动、正常运行和停止过程;为了保证能够检验电梯连续运行能力、可靠性,及将整机运行试验持续的总时间控制在一个合理的范围内,规定每天工作时间不少于 8 小时。

为避免过于频繁的启动和过高的负载持续率对驱动主机电动机和控制系统造成损害,要求在进行电梯运行试验时,以产品设计规定的每小时启动次数和负载持续率进行。

【检查】

用计数器记录运行次数。

4.11.7 噪声检验应符合下列规定:

1. 机房噪声:对额定速度小于等于 4m/s 的电梯,不应大于 80dB(A);对额定速度大于 4m/s 的电梯,不应大于 85dB(A)。

2. 乘客电梯和病床电梯运行中轿内噪声:对额定速度小于等于 4m/s 的电梯,不应大于 55dB(A);对额定速度大于 4m/s 的电梯,不应大于 60dB(A)。

3. 乘客电梯和病床电梯的开关门过程噪声不应大于 65dB(A)。

【释义】

产生电梯噪声的因素很多,有产品设计、制造方面的,也有电梯安装方面的,本规范是对电梯运行过程中噪声的总的要求,目的是控制电梯噪声对环境的污染和为乘客提供良好的乘座环境,另外,通过本条检查,可以发现因安装造成的异常声音,以便尽早解决问题。

因第 2 款主要是检验乘客电梯和病床在电梯运行过程中的轿内噪声,因此如果轿厢装有风扇,测量时应在风扇关闭状态下进行。

【检查】

如采用声级计,可按以下 a)、b)、c)测量;如采用其它噪声测量仪器,在经有关部门计量认可的情况下,可按仪器使用说明书进行检测。

a)机房噪声:声级计的传声器在水平面上距驱动主机中心 1.0m,且距地面 1.5m,取前、后、左、右同圆 4 点,在驱动主机上取 1 点,共计 5 点。分别测量上述 5 点噪声值并记录,然后取平均值。

b)运行中轿内噪声:声级计的传声器在轿厢内宽度与深度的中央,且距轿厢底面 1.5m,分别测量轿厢上行和下行两个方向直驶时的噪声并记录,取最大值。如果轿厢装有风扇,测量时应将风扇关闭。

c)开关门噪声的测量:声级计的传声器分别置于层门和轿门宽度的中央,距门 0.24m,距地面 1.5m,在候梯厅和轿内分别测量开、关门过程的噪声并记录,取最大值。

d)按 a)、b)、c)测量噪声数据时,同时测量相同环境下的背景噪声,背景噪声是指被测声源不存在时,周围环境的噪声。若所测量的噪声值与背景噪声值的差值小于等于 10dB(A),则应按表 4.11.7 修正,即:实际噪声值为所测量的噪声值减去修正值。

表 4.11.7 噪声修正值　　　　　单位:dB(A)

所测得的噪声与背景噪声的差值	修正值
3	3.0
4	2.0
5	2.0
6	1.0
7	1.0
8	1.0
9	0.5
10	0.5
>10	0

注:对中间的差值及修正值由线性插入法确定。

4.11.8 平层准确度检验应符合下列规定：

1. 额定速度小于等于 0.63m/s 的交流双速电梯，应在 ±15mm 的范围内；

2. 额定速度大于 0.63m/s 且小于等于 1.0m/s 的交流双速电梯，应在 ±30mm 的范围内；

3. 其他调速方式的电梯，应在 ±15mm 的范围内。

【释义】

平层准确度指电梯运行到层站停层后，轿厢地坎上平面与层门地坎上平面垂直方向的高度差值。对乘客电梯此差值过大，容易发生乘客进出轿厢时被磕绊的现象，引发危险；对医用电梯或载货电梯此差值过大，不仅会影响医用手推车或搬运装置在轿厢入口处的出入，而且不利于轿厢、导靴、导轨、导轨支架的受力。

因为调速方式是决定电梯平层准确度的主要因素之一，因此本条以交流双速和其他调速方式分别要求。其他调速方式是指除交流双速以外的调速方式，如调压调速、调频调压调速等等。

【检查】

在轿厢空载（可包含检验人员两名）和载有额定载重量两个工况下进行平层准确度检验。根据电梯的额定速度可按以下方法用深度游标卡尺或钢板尺进行测量。

a) 额定速度≤1m/s 的电梯，自底层向上和自顶层向下逐层运行，停层后测量并记录。

b) 额定速度＞1m/s 的电梯，以达到额定运行速度的最少层站数为单位，自底层向上和自顶层向下逐个单位运行，停层后测量并记录；自底层向上和自顶层向下逐层运行，停层后测量并记录。

c) 除 a)、b) 外，还作自底层直驶顶层和顶层直驶底层两个工况，在顶层或底层停层后测量并记录。

d) 取 a) 和 c) 或 b) 和 c) 记录的最大值。

4.11.9 运行速度检验应符合下列规定：

当电源为额定频率和额定电压、轿厢载有 50% 额定载荷时，向下运行至行程中段(除去加速和减速段)时的速度,不应大于额定速度的 105%,且不应小于额定速度的 92%。

【释义】

"电源为额定频率和额定电压"是指作此项试验时,供电电源的额定电压、额定频率应与电梯产品设计值相符,产品设计值可在电梯土建布置图中查出。额定速度指的是电梯设计所规定的轿厢速度,即电梯铭牌上所标明的速度。"运行至行程中段"指轿厢与对重在同一水平位置上,此处不一定为平层位置。

【检查】

用电压表测量电源输入端的相电压,测得电压值应与电梯土建布置图要求相符,确认电源的额定频率与电梯土建布置图要求相符;使轿厢载有 50% 的额定载荷;轿厢由顶层(若层站过多或顶层高度过大,可从不影响轿厢达到额定速度的层站)下行,在轿厢运行至行程中部时,测量并记录。

电梯的运行速度可以通过以下几种方法测得:

a)在机房(如果有)内,用测速装置测量悬挂绳的线速度,根据悬挂系统的绕绳比,按下式计算轿厢速度:

$$V = \frac{V_{绳}}{i}$$

式中　V——轿厢运行速度(m/s);

　　　$V_{绳}$——悬挂绳的线速度(m/s);

　　　i——悬挂系统的绕绳比。

b)在机房(如果有)内,用转速表测量电动机转速后,根据下式计算轿厢速度:

$$V = \frac{\pi \times D \times n}{60 \times i_1 \times i}$$

式中　V——轿厢运行速度(m/s);

　　　D——曳引轮节径(m);

　　　n——实测的电机转速(r/min);

　　　i_1——减速箱传动比;

i——悬挂系统的绕绳比。

c)采用测速装置在轿内直接测量。在测速装置经有关部门计量认可的情况下,可按仪器使用说明书进行检测。

上述 3 种方法,a)、b)适用于有机房电梯,由于 b)种方法便于操作,目前检验中使用较多。c)种方法适用于有机房和无机房电梯,但应注意采用的测速装置需经有关部门计量认可。

电梯的运行速度偏差值可按下式计算:

$$速度差值 = \frac{测得的运行速度 - 额定速度}{额定速度} \times 100\%$$

4.11.10 观感检查应符合下列规定:

1. 轿门带动层门开、关运行,门扇与门扇、门扇与门套、门扇与门楣、门扇与门口处轿壁、门扇下端与地坎应无刮碰现象;

2. 门扇与门扇、门扇与门套、门扇与门楣、门扇与门口处轿壁、门扇下端与地坎之间各自的间隙在整个长度上应基本一致;

3. 对机房(如果有)、导轨支架、底坑、轿顶、轿内、轿门、层门及门地坎等部位应进行清理。

【释义】

由于电梯作为公共场所的交通工具,因此随着社会的发展和人们生活水平的逐渐提高,对其观瞻质量的要求越来越高。本条的目的除检查观感质量,保证给乘客提供舒适的乘座环境外,通过本条检查还能发现安装调整的不足,对电梯各个部位的清理,还可以减少安全隐患。

第 2 款所指的间隙"基本一致"是观感指标,是指同一间隙两端的值不应相差太大,不能看上去是个斜缝。另外除满足本款要求外,间隙值还应满足本规范 4.5.8 条的要求。

【检查】

a)电梯在检修状态,逐层停靠。在门开、关过程中观察第 1 款所指部位;门完全打开时、关闭时,观察第 2 款所指间隙,应基本一致，也可用塞尺或钢板尺在同一间隙的两端测量；观察第3款要求的轿门、层门及门地坎等部位，应将清理干净。

b)进入机房(如果有)、底坑、轿内观察，应清理干净；电梯在检修状态，轿厢在整个行程内运行，站在轿顶，观察导轨支架、层门门头顶部及轿顶，应整洁。

5 液压电梯安装工程质量验收

液压电梯与电力驱动的曳引式或强制式电梯相比，主要区别在于驱动系统采用液压传动方式，以及防止轿厢自由坠落或超速下降的安全装置有多种组合形式，另外，它没有对重，但可以设置平衡重。因此，除液压系统及相关部分外，液压电梯安装工程的分项工程与电力驱动的曳引式或强制式电梯的相同或相近，只是在安装步骤、工艺上略有不同。液压电梯有多种型式，从体现结构特点的角度，通常以液动机(顶升机构)与轿厢的作用方式来分类，分为直接作用式和间接作用式。

5.1 设备进场验收

液压电梯设备进场验收的目的、验收程序与电力驱动的曳引式或强制式电梯相同，只是随机文件内容及验收时应体现液压电梯的特点。

5.1.1 随机文件必须包括下列资料：

1. 土建布置图；

2. 产品出厂合格证；

3. 门锁装置、限速器(如果有)、安全钳(如果有)及缓冲器(如果有)的型式试验合格证书复印件。

【释义】

1. 土建布置图；

本款【释义】见第 4.1.1 条第 1 款。

2. 产品出厂合格证；

本款【释义】见第 4.1.1 条第 2 款。

3. 门锁装置、限速器(如果有)、安全钳(如果有)及缓冲器

(如果有)的型式试验合格证书复印件。

由于液压电梯防止轿厢自由坠落或超速下降的安全装置有多种组合形式来实现,根据具体的液压电梯产品设计,如果采用了限速器、安全钳及缓冲器,则应提供型式试验合格证书复印件。

另外,当采用管路破断阀或节流阀来防止液压电梯轿厢自由坠落或超速下降时,也应提供相应的型式试验合格证书复印件。

【检查】

本条【检查】见 4.1.1 条。

5.1.2 随机文件还应包括下列资料:

1．装箱单;

2．安装、使用维护说明书;

3．动力电路和安全电路的电气原理图;

4．液压系统原理图。

【释义】

1．装箱单;

本款【释义】见第 4.1.2 条第 1 款。

2．安装、使用维护说明书;

本款【释义】见第 4.1.2 条第 2 款。

3．动力电路和安全电路的电气原理图;

本款【释义】见第 4.1.2 条第 3 款。

4．液压系统原理图。

液压系统原理图是液压系统工作原理的示意图,图中各液压元件用符号表示,这些符号宜符合 GB/T786.1 相应规定,他们只能表示元件的职能,连接系统的通路,并不表示元件的具体结构和参数,当无法用职能符号表示,或者有必要特别说明系统中某一重要元件的结构及动作原理时,也可以采用结构简图表示。液压系统原理图是液压系统安装、调试、检修等工作中不可缺少的技术文件。

【检查】

检查随机文件清单,应包括:a)装箱单;b)安装、使用维护说明书；c)动力电路和安全电路的电气原理图；d)液压系统原理图。核对上述技术文件是否完整、齐全，并且应与合同要求的产品相符。

5.1.3　设备零部件应与装箱单内容相符。
【释义】
本条【释义】见 4.1.3 条。
【检查】
本条【检查】见 4.1.3 条。

5.1.4　设备外观不应存在明显的损坏。
【释义】
本条规定是指电梯设备进场时应对包装箱及设备进行观感检查，目的有两个：其一要求进入现场的设备应具有良好的观感质量；其二便于及早地发现问题，解决问题。

对于液压电梯，所谓"明显损坏"除指因人为或意外而造成的明显的凹凸、断裂、永久变形、表面涂层脱落等缺陷外，还指液压泵站、蓄能器(如果有)、液压顶升机构、油管、管接头等液压系统所有接口的包装和防护(如油纸及塑料布等)必须保持完好，以防止异物及尘土进入到液压系统中，影响液压系统的工作性能。液压系统中一旦有异物或尘土进入，将带来大量的清洗工作，并且有时很难清洗干净。安装人员施工时，应注意在没有连接某一接口前，不应拆掉其包装和防护。
【检查】
观察包装箱、设备外观及液压系统各部件接口的包装和防护，不应存在明显的损坏。

5.2　土建交接检验

5.2.1　土建交接检验应符合本规范第 4.2 节的规定。
【释义】
液压电梯土建交接检验的目的、内容、程序与电力驱动的曳

引式或强制式电梯的相同,另外液压电梯的土建设计与布置还具有以下特点:

a)电梯油缸应与轿厢在同一井道内;

b)平衡重(如果有)应与轿厢在同一井道内。

值得提醒的是:如果液压电梯提升高度较大,由于液压油缸的长度较长,尤其是采用不可拆卸单节油缸时,在井道的土建结构设计阶段,最迟在井道的土建施工阶段,应考虑油缸进入井道方法和时机,防止在土建主体结构完成后,油缸无法运入井道,给电梯安装工程带来困难和不必要的经济损失。油缸进入井道的方法和要求,电梯生产厂可在土建布置图上提出。

【检查】

本节【检查】见4.2节。

5.3 液压系统

液压传动系统通常由能源装置、执行装置、控制调节装置及辅助装置组成。能源装置是指液压泵,它供给液压系统压力油,将电动机输出的机械能转换成油液的压力能,用此压力油推动整个液压系统工作;执行装置是指液压缸(顶升机构),在压力油的作用下,直接或间接带动轿厢作垂直运动;控制调节装置是指各种阀类,控制液压系统中油液的压力、流量和流动方向的装置;辅助装置是除上述三项以外的其他装置,如油箱、滤油器、冷却装置、油管、管接头、软管卡箍、油缸泄漏集油装置等。

5.3.1 液压泵站及液压顶升机构的安装必须按土建布置图进行。顶升机构必须安装牢固,缸体垂直度严禁大于0.4‰。

【释义】

液压泵站主要包括油箱、液压泵、泵电机、滤油器、冷却装置、蓄能器(如果有)、液压控制阀组(块)、手动泵等液压元件,是液压电梯液压系统的能源装置、控制调节装置及辅助装置的集成。液压顶升机构主要包括油缸及其导向装置,如果有管路破断阀或节流阀，通常也安装在油缸的缸体上。顶升机构是液压电梯液压系统的执行元件，直接或间接地驱动轿厢进行运行，并承受轿厢和载荷的重量。

土建布置图中要求的液压泵站与液压顶升机构的相对位置，不仅考虑了土建结构允许、安装和检修的方便，而且还考虑了液压传动系统管路的最大允许长度和最小弯曲半径。如果不按照土建布置图的要求进行安装，可能会出现油管长度不够、油管转弯过多、油管弯曲半径过小等情况，这些都可能是造成系统压力损失过大及引起噪声的原因。

本条要求液压顶升机构在井道中应安装牢固，是为了防止因液压顶升机构松动、倾斜，造成其与轿厢连接装置损坏，改变轿厢导靴、导轨的受力结构，甚至可能导致整个系统的垮塌。

本条限制缸体垂直度的目的是因为如果偏差过大，会加剧缸体与柱塞（或活塞）之间密封件的磨损，增大泄漏，污染环境；同样会造成液压顶升机构松动、倾斜；因增加了水平力，可能造成缸体、柱塞（或活塞）弯曲。缸体垂直度是对轿厢沿垂直导轨运行的液压电梯而言，对于轿厢沿倾斜角小于 15°导轨运行的液压电梯，此偏差是相对于设计运行方向而言。

【检查】

用线锤和钢板尺进行测量计算。

5.3.2 液压管路应可靠联接，且无渗漏现象。

【释义】

液压管路用于液压元件之间的联接，传递压力油。如果联接不可靠，则会造成液压油泄漏现象，因此带来以下不良后果：引起轿厢下沉，引发安全事故；增大压力损失，影响液压系统的正常工作；液压油的外漏会污染环境；浪费液压油，造成经济损失。

"联接可靠"除应注意正确紧固联结部位外，还应正确使用密封件。液压管路的联接有多种方式，安装施工人员应按照安装说明书进行。

【检查】

可按以下方法检查验收：

a)检查施工记录，应按安装说明书要求在联结部位使用密封件；

b)用力矩扳手检查联接部位的拧紧程度，应满足安装说明书要求；

c)轿厢载有额定载重量停在最高层站，观察和用手触摸各个管路接头。此项也可在第5.11.9条和5.11.11检查时进行。

5.3.3 液压泵站油位显示应清晰、准确。

【释义】

液压泵站内的液压油主要具有以下三种功能：a)传递动力；b)吸收和散发热量，吸收振动、噪声；c)对油泵、电动机、油缸和液压阀等液压元件进行润滑。

液压泵站的油量过少会破坏液压系统的热平衡，使液压油温升高，黏度降低，影响液压系统的正常工作，影响电梯的平层准确度，不仅如此过高的油温还会加快液压油的老化变质，加快密封件的老化，降低液压油对液压阀等液压元件的润滑作用。油量过多，液压电梯工作时，可能造成液压油外溢，环境污染。

液压泵站油箱的油位显示器应清晰地反映油箱的实际油量，并且应有最大、最小油量标记。

【检查】

观察油箱的油位显示器，油量应在最大和最小标记之间。

5.3.4 显示系统工作压力的压力表应清晰、准确。

【释义】

液压油的压力是液压传动系统的主参数之一，压力表用于实时反映液压系统的工作压力情况。清晰、准确地反映液压系统压力，有助于液压系统安装调试及故障的排除。压力表上的刻度应清晰，在储藏、搬运、安装过程中应注意不要损坏压力表。

【检查】

  a)观察压力表外观,不应有损坏。

  b)如果液压泵站控制阀组上有备用的外接压力表接口时,连接在检定周期内的标准压力表,两表的显示值应相同。

  如果没有备用的外接压力表接口,可将轿厢停在某一层站,记录压力值后,将轿厢停在最低层站;关闭截止阀,换上标准压力表后,打开截止阀;将轿厢停在同一层站,两次的压力显示应相同。

5.4 导 轨

  5.4.1 导轨安装应符合本规范第 4.4 节的规定。

【释义】

  本节【释义】见 4.4 节。

【检查】

  本节【检查】见 4.4 节。

5.5 门 系 统

  5.5.1 门系统安装应符合本规范第 4.5 节的规定。

【释义】

  本节【释义】见 4.5 节。

【检查】

  本节【检查】见 4.5 节。

5.6 轿 厢

  5.6.1 轿厢安装应符合本规范第 4.6 节的规定。

【释义】

本节【释义】见 4.6 节。
【检查】
本节【检查】见 4.6 节。

5.7 平衡重

5.7.1 如果有平衡重，应符合本规范第 4.7 节的规定。
【释义】
为了达到节能的目的液压电梯可以设置平衡重，用来平衡全部或部分轿厢重量。虽然平衡重的作用与对重不同，但其结构形式和安装要求与对重相同，因此本节【释义】见 4.7 节。
【检查】
本节【检查】见 4.7 节。

5.8 安全部件

5.8.1 如果有限速器、安全钳或缓冲器，应符合本规范第 4.8 节的有关规定。
【释义】
由于液压系统的特性，决定了液压电梯的安全部件及安全措施组合与曳引式或强制式电梯的安全部件有一定的区别。液压电梯的安全部件及安全措施组合的作用主要是防止轿厢：a)自由坠落；b)超速下降；c)沉降。

根据 EN81－2:1998，液压电梯的安全部件及安全措施组合组合见表 5.8.1。

如液压电梯采用限速器、安全钳或缓冲器作为安全部件，则对这些安全部件的安装要求与电力驱动的曳引式或强制式电梯的要求相同。
【检查】
本节【检查】见 4.8 节。

表5.8.1 防止轿厢自由落体、超速下行与沉降措施的组合

防止轿厢自由坠落或超速下降		防止轿厢沉降措施			
		轿厢向下沉降触发安全钳动作	轿厢向下沉降触发夹紧装置动作	棘爪装置	电气防沉降系统
直接式液压梯	通过限速器触发安全钳	√		√	√
	管路破断阀		√	√	√
	节流阀		√		
间接式液压梯	通过限速器触发安全钳	√		√	√
	管路破断阀＋通过悬挂机构失效或安全绳触发的安全钳	√		√	√
	节流阀＋通过悬挂机构失效或安全绳触发的安全钳	√		√	

注：√——为可选择的组合。

5.9 悬挂装置、随行电缆

本节的悬挂系统是指间接式液压电梯的轿厢与顶升机构相连接的轿厢悬挂系统，以及直接式、间接式液压电梯的平衡重（如果有）悬挂系统。液压电梯的悬挂系统通常为钢丝绳或链条。直接式液压电梯的轿厢与柱塞（或油缸）之间没有悬挂装置，它们之间不应采用刚性连接。

5.9.1 如果有绳头组合，必须符合本规范第4.9.1条的规定。
【释义】
本条为强制性条文，主要针对采用钢丝绳悬挂轿厢或平衡重的液压电梯，【释义】见第4.9.1条。
【检查】
本条【检查】见第4.9.1条。

5.9.2 如果有钢丝绳，严禁有死弯。
【释义】

本条主要针对采用钢丝绳悬挂轿厢或平衡重的液压电梯，【释义】见第4.9.2条。

【检查】

本条【检查】见第4.9.2条。

5.9.3 当轿厢悬挂在两根钢丝绳或链条上，其中一根钢丝绳或链条发生异常相对伸长时，为此装设的电气安全开关必须动作可靠。对具有两个或多个液压顶升机构的液压电梯，每一组悬挂钢丝绳均应符合上述要求。

【释义】

额定载重量较大的间接时液压电梯可能采用两个液压顶升机构或多个液压顶升机构来提升轿厢，对于任一组采用两根钢丝绳或链条的悬挂装置，均应设置监控其中一根钢丝绳或链条发生异常相对伸长电气安全开关。

【检查】

本条【检查】见第4.9.2条。

5.9.4 随行电缆严禁有打结和波浪扭曲现象。

【释义】

本条【释义】见第4.9.4条。

【检查】

本条【检查】见第4.9.4条。

5.9.5 如果有钢丝绳或链条，每根张力与平均值偏差不应大于5%。

【释义】

本条主要针对采用钢丝绳悬挂轿厢或平衡重的液压电梯，【释义】见第4.9.5条。

【检查】

本条【检查】见第4.9.5条。

5.9.6 随行电缆的安装还应符合下列规定：

1. 随行电缆端部应固定可靠。

2. 随行电缆在运行中应避免与井道内其他部件干涉。当轿厢完全压在缓冲器上时，随行电缆不得与底坑地面接触。
【释义】
本条【释义】见第4.9.6条。
【检查】
本条【检查】见第4.9.6条。

5.10 电气装置

5.10.1 电气装置安装应符合本规范第4.10节的规定。
【释义】
本节【释义】见第4.10节。
【检查】
本节【检查】见第4.10节。

5.11 整机安装验收

液压电梯安装工程，与电力驱动的曳引式或强制式电梯类似，实质上是电梯产品的现场组装、调试过程，与一般设备的就位安装有很大不同。在很大程度上，电梯的安装调试质量决定电梯产品的技术性能指标、运行质量和安全性能指标能否最终达到产品设计要求，因此液压电梯整机安装验收是对安装调试质量总的检验。

5.11.1 液压电梯安全保护验收必须符合下列规定：
1．必须检查以下安全装置或功能
1) 断相、错相保护装置或功能

当控制柜三相电源中任何一相断开或任何二相错接时，断相、错相保护装置或功能应使电梯不发生危险故障。

注：当错相不影响电梯正常运行时可没有错相保护装置或功能。

【释义】
本项【释义】见第4.11.1条第1款第1项。

【检查】

本项【检查】见第 4.11.1 条第 1 款第 1 项。

2) 短路、过载保护装置

动力电路、控制电路、安全电路必须有与负载匹配的短路保护装置；动力电路必须有过载保护装置。

【释义】

直接与主电源连接的电动机应装设与负载匹配的短路保护，以防止发生短路时，电源或电气设备遭受机械的和热的损伤或毁坏。出于同样目的，本项要求控制电路、安全电路也应装设与负载匹配的短路保护装置。

直接与主电源连接的电动机应设置自动断路器切断其全部供电来实现过载保护，或通过监测电动机绕组温升来切断电动机供电来实现过载保护。

当电梯电动机的过载保护通过监测电动机绕组温升来实现时，电动机(绕组)的温度超过其设计规定值，温度监控装置动作，轿厢应停层，使乘客离开轿厢，不再继续运行；电机充分冷却后，液压电梯可自动恢复上方向正常运行。由于液压电梯下方向运行的动力为轿厢和载荷的重力，所以电动机过载保护后，电动机充分冷却前，可不限制液压电梯向下运行。

如果电动机具有多个不同电路供电的绕组，则每一绕组均应设置过载保护装置。

【检查】

核查短路保护装置和过载保护装置，应与电气原理图或安装说明书上要求的参数相符；如果采用监测电动机绕组温升来实现过载保护，人为使液压电梯电动机过载保护动作，电梯应完成本次停层，不再继续上行。

3) 防止轿厢坠落、超速下降的装置

液压电梯必须装有防止轿厢坠落、超速下降的装置，且各装置必须与其型式试验证书相符。

【释义】

如5.8.1条的【释义】所述，液压电梯防止轿厢坠落、超速下降的装置可以通过多种组合来实现。当采用限速器、安全钳时，其要求见4.11.1条第1款3、4项；当采用管路破裂阀、节流阀时，也应提供相符的型式试验证书。

在管路破裂阀或节流阀的型式试验证书中，记录了管路破裂阀或节流阀的生产厂、型号和应用、流量范围、压力范围、液压油的粘度范围、环境温度范围等内容。这些内容可直接作为管路破裂阀或节流阀选用的依据，因此要求管路破裂阀或节流阀应与其型式试验证书相符。承担管路破裂阀或节流阀安全性能检测的单位，应符合本规范第3章基本规定的相应规定，经过政府主管部门考核授权，取得相应资质。

当采用管路破裂阀时，最迟在轿厢下行速度达到额定下行速度+0.3m/s时，管路破裂阀应动作，使轿厢停止；管路破裂阀的动作时的轿厢速度可通过其型式试验报告的调整曲线上查出。

当采用节流阀时，轿厢的最大下行速度不能超过额定下行速度+0.3m/s，可通过以下两种方法得到轿厢的最大下行速度：

a)测量节流阀最大流量或测量轿厢最大速度；

b)通过以下公式计算：

$$V_{\text{Max}} = V_t \sqrt{\frac{P}{P - P_t}}$$

式中　V_{Max}——轿厢最大下降速度(m/s)；

　　　V_t——轿厢载有额定载重量下行，所测得的速度(m/s)；

　　　p——满载静压力(MPa)，是指载有额定载重量的轿厢停靠在最高层站时，直接与液压顶升机构连接的油管上的静压力；

　　　p_t——轿厢载有额定载重量下行，所测得的压力(MPa)。

如果【检查】中管路破裂阀或节流阀不满足要求，应按照安装说明书的技术要求重新进行调整，且再作试验检查。管路破裂阀动作后,可在机房内操作手动油泵或启动轿厢上方向运行来使其复位。

【检查】

当采用限速器、安全钳时,【检查】见 4.11.1 条第 1 款 3、4 项。

当采用管路破裂阀或节流阀时,可采用以下方法和步骤进行试验:

a)将装有额定载重量的轿厢停靠在最高层站;

b)将下降阀开启至最大;

c)切断反馈回路;

d)启动下方向运行;

e)液压电梯将超速下行,最迟在轿厢速度达到额定下行速度 +0.3m/s 时,管路破裂阀应动作,使轿厢停止;如采用节流阀,应使轿厢以不超过额定下行速度 +0.3m/s 的速度下行;

f)试验完毕,恢复液压电梯至正常状态。

4)门锁装置

门锁装置必须与其型式试验证书相符。

【释义】

本项【释义】见第 4.11.1 条第 1 款第 6 项。

【检查】

本项【检查】见第 4.11.1 条第 1 款第 6 项。

5)上极限开关

上极限开关必须是安全触点,在端站位置进行动作试验时必须动作正常。它必须在柱塞接触到其缓冲制停装置之前动作,且柱塞处于缓冲制停区时保持动作状态。

【释义】

液压电梯极限开关的设置和动作要求与电力驱动的曳引式或强制式电梯的有所不同,由于液压电梯的下行时不需要电力以及其沉降现象的存在,因此液压电梯不设置下极限开关,只要求设置上极限开关。

为了避免轿厢上行出现故障时顶升机构的柱塞(或活塞)撞击

缓冲制停装置，要求上极限开关在柱塞接触到其缓冲制停装置之前动作，柱塞处在缓冲制停区时，此开关应保持动作状态，当轿厢离开上极限开关的动作区域，极限开关应自动复位。上极限开关动作时，应使泵站停止运行，一旦上极限开关动作后，即使轿厢因下沉离开其动作区域，液压电梯不应再应答内选和外呼，且不能自动恢复运行。

上极限开关应安装在接近上端时起作用而无误动作危险的位置。液压电梯上极限开关可直接由柱塞触发，或由一个连接于轿厢的间接装置触发，如，钢丝绳、皮带或链条。采用间接方式触发时，一旦间接装置断裂或松弛，应有一个符合 GB 7588-1995 第 14.1.2 要求的安全触点要求的电气安全装置使泵站停止运行。对于直接式液压电梯，上极限开关还可直接由轿厢触发。

为了使上极限开关可靠通断，电梯产品设计时，应采用符合 GB 7588-1995 第 14.1.2.2 要求的安全触点。在端站位置进行动作试验时必须动作正常，在安装时应从以下方面保证：极限开关的位置、极限开关的打(撞)板的位置、极限开关与其打板的相对位置均应符合产品安装说明书要求。

实际上，液压电梯的下行程限位是靠轿厢缓冲器(或棘爪装置的缓冲装置)来实现的，应使载有额定载重量的轿厢保持停止在低于最低层不超过 0.12m 的距离内。当缓冲器完全压缩时，柱塞(活塞)不应接触缸体的基座(保证同步的装置除外)。

【检查】

以检修速度轿厢上行，并使轿厢能够到达上极限位置，当轿厢到达极限位置时，上极限开关应动作，电梯应能分别停止上、下两方向运行；

操作手动油泵使轿厢上行至柱塞的极限位置，上极限开关应始终保持动作状态。也可以人为短接上极限开关应动作，使轿厢上行直至溢流阀溢流为止，上极限开关应始终保持动作状态。

6) 机房、滑轮间(如果有)、轿顶、底坑停止装置

位于轿顶、机房、滑轮间(如果有)、底坑的停止装置的动作

必须正常。
【释义】
　　本项【释义】见第 4.11.1 条第 1 款第 8 项。
【检查】
　　本项【检查】见第 4.11.1 条第 1 款第 8 项。
　　7）液压油温升保护装置
　　当液压油达到产品设计温度时，温升保护装置必须动作，使液压电梯停止运行。
【释义】
　　液压电梯应设置一个油温检测装置。当油温的温度超过设计值时，基于此的电气安全装置动作，使轿厢应停在层站，以便乘客离开轿厢，液压电梯不再继续运行。当液压油充分冷却后，液压电梯可自动恢复上方向运行。
【检查】
　　人为使温升保护装置动作(如：断开油温检测装置在控制系统中的接线)，液压电梯应不能启动。
　　8）移动轿厢的装置
　　在停电或电气系统发生故障时，移动轿厢的装置必须能移动轿厢上行或下行，且下行时还必须装设防止顶升机构与轿厢运动相脱离的装置。
【释义】
　　如果液压电梯的轿厢上装有安全钳或棘爪装置，则应设置专用的手动油泵。以便在安全钳动作(或棘爪装置动作时)或停电、电气系统发生故障时，利用手动油泵提升轿厢，释放轿内的乘客。手动油泵应设置在泵站上的单向阀或下行阀与截止阀之间，并应设有溢流阀，将压力限制在满载压力的 2.3 倍。
　　液压电梯机房内应设置手动的紧急下降阀(Emergency lowering valve)，即使在停电或电气系统发生故障时，以便操作此阀使轿厢下降至层站，释放轿内的乘客。此阀应通过人为持续的操作力才能保持动作状态。对于间接式液压电梯，如果悬挂钢丝绳

(或链条)松弛，操纵紧急下降阀柱塞不应下降，即设置防止顶升机构与轿厢运动相脱离的装置。

【检查】

a)如果液压电梯设有手动油泵，操作手动油泵应能使轿厢上行，手动油泵上的溢流阀压力调整应符合安装说明书要求；

b)用手持续揿压紧急下降阀，轿厢应能下行；紧急下降阀的调整应符合安装说明书要求；

c)间接式液压电梯，防止顶升机构与轿厢运动相脱离的装置（即防止钢丝绳或链条松弛的装置）可按下面方法检查：

Ⅰ)操作手动下降阀，使轿厢下降，且使轿厢支撑在支撑架上；也可以人为使安全钳或夹紧装置动作；

Ⅱ)连续衔压手动下降阀，柱塞不应再下降，不应出现钢丝绳或链条的松弛现象。

2．下列安全开关，必须动作可靠：

1)限速器(如果有)张紧开关；

2)液压缓冲器(如果有)复位开关；

3)轿厢安全窗(如果有)开关；

4)安全门、底坑门、检修活板门(如果有)的开关；

5)悬挂钢丝绳(链条)为二根时，防松动安全开关。

【释义】

本款【释义】见第 4.11.1 条第 2 款。

【检查】

本款【检查】见第 4.11.1 条第 2 款。

5.11.2 限速器(安全绳)安全钳联动试验必须符合下列规定：

1．限速器(安全绳)与安全钳电气开关在联动试验中必须动作可靠，且应使电梯停止运行。

【释义】

本款【释义】见第 4.11.2 条第 1 款。

【检查】

本款【检查】见第 4.11.2 条第 1 款。

2．联动试验时轿厢载荷及速度应符合下列规定：

1）当液压电梯额定载重量与轿厢最大有效面积符合表5.11.2的规定时，轿厢应载有均匀分布的额定载重量；当液压电梯额定载重量小于表5.11.2规定的轿厢最大有效面积对应的额定载重量时，轿厢应载有均匀分布的125%的液压电梯额定载重量，但该载荷不应超过表5.11.2规定的轿厢最大有效面积对应的额定载重量；

2）对瞬时式安全钳，轿厢应以额定速度下行；对渐进式安全钳，轿厢应以检修速度下行。

表5.11.2　额定载重量与轿厢最大有效面积之间关系

额定载重量 (kg)	轿厢最大有效面积 (m^2)	额定载重量 (kg)	轿厢最大有效面积 (m^2)	额定载重量 (kg)	轿厢最大有效面积 (m^2)
100[1]	0.37	675	1.75	1200	2.80
180[2]	0.58	750	1.90	1250	2.90
225	0.70	800	2.00	1275	2.95
300	0.90	825	2.05	1350	3.10
375	1.10	900	2.20	1425	3.25
400	1.17	975	2.35	1500	3.40
450	1.30	1000	2.40	1600	3.56
525	1.45	1050	2.50	2000	4.20
600	1.60	1125	2.65	2500[3]	5.00
630	1.66				

注：1）一人电梯的最小值；
　　2）二人电梯的最小值；
　　3）额定载重量超过2500kg时，每增加100kg面积增加0.16m^2，对中间的载重量其面积由线性插入法确定。

【释义】

本条款规定了进行联动试验时，轿厢应加载的试验载荷及试验速度。安全钳的制动能力在其型式试验中已经得到验证。液压电梯整梯安装验收时主要是通过联动试验，检验轿厢、安全钳安装、调整及导轨在建筑物上固定的正确性和牢固性，检验联动机构的动作有效性，因此对采用渐近式安全钳的液压电梯，试验以检修速度进行；对采用瞬时式安全钳的液压电梯，由于速度较低，试验以额定速度进行。

为了便于理解本款第1)项的"当液压电梯额定载重量小于表5.11.2规定的轿厢最大有效面积对应的额定载重量时，轿厢应载有均匀分布的125%的液压电梯额定载重量，但该载荷不应超过表5.11.2规定的轿厢最大有效面积对应的额定载重量"，下面举例说明如何确定试验载荷：

a)假设液压货梯的额定载重量为1000kg，轿厢的最大有效面积为$2.80m^2$。

Ⅰ)查表5.11.2额定载重量为1000kg的轿厢的最大有效面积为$2.40m^2$，当最大有效面积为$2.80m^2$时，对应的额定载重量为1200kg，因此此液压电梯额定载重量小于表5.11.2规定的轿厢最大有效面积对应的额定载重量；

Ⅱ)计算125%额定载重量=125%×1000kg=1250kg；

Ⅲ)由于125%额定载重量(1250kg)大于1200kg，因此该液压电梯的试验载荷取1200kg。

b)假设液压货梯的额定载重量为1000kg，轿厢的最大有效面积为$3.40m^2$。

Ⅰ)查表5.11.2额定载重量为1000kg的轿厢的最大有效面积为$2.40m^2$，最大有效面积为$3.40m^2$时，对应的额定载重量为1500kg，因此此液压电梯额定载重量小于表5.11.2规定的轿厢最大有效面积对应的额定载重量；

Ⅱ)计算125%额定载重量=125%×1000kg=1250kg；

Ⅲ)由于125%额定载重量(1250kg)小于1500kg，因此该液压电梯的试验载荷取 1250kg。

另外，根据 EN81-2:1998，液压货梯额定载重量与轿厢有效面积的要求与电力驱动的曳引式和强制式电梯的有所不同，允许轿厢有效面积超过表 5.11.2 的规定，但不应超过表 5.11.2-1 对应的轿厢最大有效面积。

表 5.11.2-1　额定载重量与轿厢最大有效面积之间关系

额定载重量(kg)	轿厢最大有效面积(m^2)	额定载重量(kg)	轿厢最大有效面积(m^2)	额定载重量(kg)	轿厢最大有效面积(m^2)
400	1.68	800	2.96	1200	4.08
450	1.84	825	3.04	1250	4.20
525	2.08	900	3.28	1275	4.26
600	2.32	975	3.52	1350	4.44
630	2.42	1000	3.60	1425	4.62
675	2.56	1050	3.72	1500	4.80
750	2.80	1125	3.90	1600	5.04

注：1) 额定载重量超过 1600kg 时，每增加 100kg 面积增加 $0.40m^2$；
　　2) 对中间的载重量其面积由线性插入法确定。

【检查】

用钢卷尺测量液压电梯轿厢的最大有效面积，确定试验载荷；根据液压电梯采用的安全钳种类，确定试验速度。

3. 当装有限速器安全钳时，使下行阀保持开启状态（直到钢丝绳松弛为止）的同时，人为使限速器机械动作，安全钳应可靠动作，轿厢必须可靠制动，且轿底倾斜度不应大于 5%。

【释义】

本款是对采用限速器提拉安全钳的液压电梯而言。要求试验时，使下行阀打开，轿厢以本条第 2 款第 2)项规定的速度下行，在下行阀保持开启状态的同时，人为使限速器机械动作，轿厢应被安全钳可靠制动，对间接式液压电梯下行阀开启状态应保持到直至钢丝绳松弛为止，对直接式液压电梯应保持到轿厢完全停止为止。

为了便于试验结束后轿厢卸载及松开安全钳，试验尽量在轿门对着层门的位置进行。试验之后，应确认未出现对电梯正常使用有不利影响的损坏，在特殊情况下，可以更换摩擦部件。

本款的轿底倾斜度不是相对于水平位置，而是相对于正常位置，所谓正常位置指轿厢分项工程验收合格时，轿厢地板的实际位置。

【检查】

可按以下内容进行试验：

a)在轿厢内使用水平尺和塞尺(或垫片)，测量轿底正常位置。将本条第2款第1)项规定的试验载荷均匀分布在轿厢内，值得注意的是在轿内放置均布载荷时，应留出放置水平尺的位置。

b)短接限速器和安全钳电气安全开关，轿厢以试验速度向下运行，在下行阀保持开启状态的同时(对间接式液压电梯下行阀开启状态应保持到直至钢丝绳松弛为止，对直接式液压电梯应保持到轿厢完全停止为止)，人为使限速器机械动作，轿厢应被安全钳可靠制动。

c)在a)相同位置用水平尺和塞尺测量动作后的高度差，再计算安全钳动作后轿底相对于正常位置(动作前)的倾斜度。

试验完成后，可以以检修速度向上行，释放安全钳复位，并恢复限速器和安全钳电气安全开关；确认试验没有出现对电梯正常使用有不利影响的损坏。

4. 当装有安全绳安全钳时，使下行阀保持开启状态(直到钢丝绳松弛为止)的同时，人为使安全绳机械动作，安全钳应可靠动作，轿厢必须可靠制动，且轿底倾斜度不应大于5%。

【释义】

本款是对采用安全绳提拉安全钳的液压电梯而言。本款【释义】见本条第3款【释义】。

值得提醒的是：安全绳的端部连接装置应满足安装说明书要

求，以确保当悬挂钢丝绳(链)断裂时，安全绳能产生足够的拉力使安全钳动作，又能防止安全绳被拉断。

【检查】

本款【检查】见本条第3款【检查】。

5.11.3 层门与轿门的试验符合下列规定：

层门与轿门的试验必须符合本规范第4.11.3条的规定。

本条见本规范第4.11.3条。

5.11.4 超载试验必须符合下列规定：

当轿厢载荷达到110%的额定载重量，且10%的额定载重量的最小值按75kg计算时，液压电梯严禁启动。

【释义】

本条主要是为了防止液压电梯在超载的状态下运行，引发安全事故。超载状态是指轿厢内载荷达到110%额定载重量，且10%的额定载重量至少为75kg的情况，也就是对于额定载重量大于等于750kg的液压电梯，轿厢内载荷达到110%额定载重量时为超载状态，对于额定载重量小于750kg的液压电梯，当轿厢内载荷达到额定载重量+75kg时为超载状态。

液压电梯设计时还应注意，当液压电梯处在超载状态时，超载装置应防止轿厢启动，以及再平层运行；自动门应处于全开位置；手动操纵门应保持在开锁状态；轿内应装设听觉信号(如：蜂鸣器、警铃、简单语音等)或视觉信号(如：为此设的警灯闪亮等)提示乘客。

【检查】

将载荷逐渐地均匀分布在轿厢内，当达到本条规定的载荷时，超载装置应动作，轿厢应不能启动；自动门应处于全开位置；手动操纵门应保持在开锁状态；提示信号应起作用。

5.11.5 液压电梯安装后应进行运行试验；轿厢在额定载重量工况下，按产品设计规定的每小时启动次数运行1000次(每天不少于8h)，液压电梯应平稳、制动可靠、连续运行无故障。

【释义】

液压电梯是在现场组装的产品，安装后的运行试验是检验液压电梯安装调试是否正确的必要手段。

本条要求运行在轿厢载有额定载重量工况下进行，主要是考虑轿厢满载工况，相对来说是液压电梯最不利的工况；从能够达到综合检验电梯安装工程质量的目的角度及考虑检验工作强度、时间等因素，要求在此工况下运行 1000 次，运行一次是指电梯完成一个启动、正常运行和停止过程；为了保证能够检验液压电梯连续运行能力、可靠性，及将整机运行试验持续的总时间控制在一个合理的范围内，规定每天工作时间不少于 8 小时。

另外，与曳引式电梯不同的是，液压电梯轿厢上方向运行是通过电力实现，而下方向运行是通过轿厢和载荷的重力实现，因此为了避免过于频繁的启动对油泵电动机和控制系统造成损害，在进行液压电梯运行试验时，只要求以产品设计规定的每小时启动次数(一般为 60 次/小时)进行，而对负载持续率没有要求。

【检查】

用计数器记录运行次数。

5.11.6 噪声检验应符合下列规定：

1. 液压电梯的机房噪声不应大于 85dB(A)；

2. 乘客液压电梯和病床液压电梯运行中轿内噪声不应大于 55dB(A)；

3. 乘客液压电梯和病床液压电梯的开关门过程噪声不应大于 65dB(A)。

【释义】。

本条【释义】见本规范第 4.11.7 条【释义】。

【检查】

本条【检查】参照本规范第 4.11.7 条【检查】。

5.11.7 平层准确度检验应符合下列规定：

液压电梯平层准确度应在 ±15mm 范围内。

【释义】

本条【释义】见本规范第 4.11.8 条【释义】。

【检查】

本条【检查】见本规范第 4.11.8 条【检查】。

5.11.8 运行速度检验应符合下列规定：

空载轿厢上行速度与上行额定速度的差值不应大于上行额定速度的 8%；载有额定载重量的轿厢下行速度与下行额定速度的差值不应大于下行额定速度的 8%。

【释义】

由于液压电梯的上行、下行额定速度可以不同，因此本条的速度差值应分别对上行、下行额定速度而言。上行、下行额定速度是指电梯设计时所规定的轿厢上、下运行速度，即液压电梯铭牌上所标明的速度。液压电梯的实际运行速度应在层站之间的稳定运行段(除去加、减速段)检测。

由于液压电梯需要电力上行，因此在检查上行速度时，供电电源的额定电压、额定频率应与液压电梯产品设计值相符，产品设计值可在液压电梯土建布置图中查出。

【检查】

用电压表测量电源输入端的相电压，测得电压值应与液压电梯土建布置图要求相符；确认电源的额定频率与液压电梯土建布置图要求相符。

对于上行速度，首先在轿厢空载工况下进行，轿厢由底层(若层站较多或提升高度较大，可从不影响轿厢达到稳定速度的层站)上行，在速度稳定时(除去加、减速段)测量、记录；

对于下行速度，在轿厢载有额定载重量工况下进行，轿厢由顶层(若层站较多或提升高度较大，可从不影响轿厢达到稳定速度的层站)下行，在速度稳定时(除去加、减速段)测量、记录。

液压电梯的运行速度可在轿顶上使用线速度表直接测得；也可使用电梯专用测试仪在轿内测量，在此种测速装置经有关部门计量认可的情况下，按仪器使用说明书进行检测。

将测得的轿厢上、下行实际运行速度分别与上、下行额定速度按以下公式计算差值。

$$速度差值 = \frac{实测速度 - 额定速度}{额定速度} \times 100\%$$

5.11.9 额定载重量沉降量试验应符合下列规定：

载有额定载重量的轿厢停靠在最高层站时，停梯10min，沉降量不应大于10mm，但因油温变化而引起的油体积缩小所造成的沉降不包括在10mm内。

【释义】

本条的目的主要是检查液压系统泄漏现象，防止其影响液压电梯性能和造成安全隐患。

由于油温度升高，油粘度会降低，泄漏的可能性会相应的增加，又因为我国不同地区同一季节环境温度可能差别较大，同一地区不同季节环境温度差别也较大，因此建议作此试验时，宜在油温不低于40℃的工况下进行，以尽量模拟不利工况和减少环境温度对此试验的影响。

当油温高于环境温度时，停梯10min，油温会降低，油的体积会相对缩小，这也会造成轿厢沉降。由于试验停梯10min期间，油温的变化是不可避免的，因此本条规定油温变化而引起的油体积缩小所造成的沉降不包括在沉降量10mm之内。油体积变化量(ΔV)和油温变化引起的轿厢下沉量(ΔH)可分别通过以下公式计算得出：

$$\Delta V = V \times \beta_t \times (T_1 - T_0)$$

式中　ΔV——油体积变化量(m^3)；

　　　V——油缸、油缸至控制阀块的油管及下行阀至油管等液压部件中油的体积(m^3)；

　　　T_1——停梯10min后油的温度(℃)；

　　　T_0——开始停梯时油的温度(℃)；

　　　β_t——体积膨胀系数，即液体在压力不变的条件下，每升高一个单位的温度所发生的体积相对变化量，可认为它是一个只取决于液体本身而与压力和温度无关的常数。

$$\Delta H_t = \frac{\Delta V \times 10^9}{\pi \times r^2} \times i$$

式中 ΔH_t——油温变化引起的轿厢下沉量(mm);

ΔV——油体积变化量(m^3);

r——油缸柱塞的半径(mm);

i——悬挂系统的绕绳比。

另外,液压电梯设计时,应设置防止轿厢的沉降措施,可参照本规范第5.8.1条【释义】中的表5.8.1采取沉降措施。

【检查】

可参考以下步骤进行检测:

a)将额定载重量均匀分布在轿内;

b)用温度计测量油的温度,如果油的温度不高于40℃,宜先运行电梯,使液压油温度不低于40℃;

c)将轿厢停靠在最高层站,并测量此层站轿厢平层准确度;

d)停梯10min后,测量轿厢的下沉量(ΔH_0)和油管及油缸中油的温度,根据【释义】中的公式计算温度变化产生的下沉量(ΔH_t);

e)计算本款要求的下沉量 $\Delta H = \Delta H_0 - \Delta H_t$。

5.11.10 液压泵站溢流阀压力检查应符合下列规定:

液压泵站上的溢流阀应设定在系统压力为满载压力的140%～170%时动作。

【释义】

溢流阀的作用是使液压系统压力限制在不高于预先设定值,以保护液压系统。它应设置在油泵和截止阀之间,溢流时液压油应直接返回油箱。通常溢流阀的设定压力应限定在满载压力的140%,只有当系统的内部压力损失较大时,溢流阀的设定压力可大于满载压力的140%,但不应超过170%。

本条实施时应注意以下两点:其一所测得的溢流阀的设定压力应在满载压力的140%～170%之间;其二所测得的溢流阀的设定压力应与电梯产品设计值(即安装说明书或施工工艺中要求

的值)相符。

【检查】

可按以下方法进行检验：

a)当液压电梯上行时，逐渐地关闭截止阀，直至溢流阀开启；

b)读取压力表上的压力值；

c)此压力值应与产品安装说明书相符，且应为满载压力的140%～170%。

5.11.11 压力试验应符合下列规定：

轿厢停靠在最高层站，在液压顶升机构和截止阀之间施加200%的满载压力，持续5min后，液压系统应完好无损。

【释义】

考虑到液压电梯的液压泵站已在工厂完成组装，且根据合同已完成调试工作，液压系统现场连接主要是截止阀至液压顶升机构之间的安装，因此，本条主要是检验液压系统现场连接部分的安装质量。进行本试验时，应将轿厢停靠在最高层站，目的是使液压系统处于最不利的状态。

在液压顶升机构和截止阀之间施加200%的满载压力，可通过以下两种方法实现：

a)使轿厢停靠在最高层站，将截止阀关闭，在轿内施加200%的额定载重量。对额定载重量较小的液压电梯，由于容易准备200%额定载重量的试验砝码，因此这种方法简单易行；

b)对额定载重量较大的液压电梯，如果难以准备200%额定载重量的试验砝码，采用方法a)就有一定困难。如果液压电梯的液压泵站设有手动油泵，则可采用以下方法：将载有额定载重量的轿厢停靠在最高层站，操作手动油泵使轿厢上行至柱塞的极限位置，当系统压力达到200%的满载压力时，停止操作手动油泵，试验时不应关闭截止阀。这种方法适用于装设手动油泵的液压电梯；对于没有装设手动油泵的液压电梯，可使用仅用于试验的手动油泵，先将其溢流阀压力限制在满载压力的2.3倍，然后连接在泵站上的单向阀或下行阀与截止阀之间预留的接口处,完成此试验后,还要注意取下手动油泵时,应将预留接口处按安装说明书要求封好。

另外,为了防止本试验过程中发生安全事故,本试验应在防止轿厢自由坠落和超速下降的试验完成之后进行。

【检查】

本条试验可采用以下两种方法之一进行:

a)关闭截止阀,将200%的额定载重量均匀分部在轿内并停靠在最高层站,持续5min,观察液压系统应无明显的泄漏和破损。

b)将载有额定载重量的轿厢停靠在最高层站,操作手动油泵使轿厢上行至柱塞的极限位置,当系统压力达到200%的满载压力时,停止操作手动油泵,持续5min,观察液压系统应无明显的泄漏和破损。采用此种方法试验时,不应关闭截止阀。

5.11.12 观感检查应符合本规范第**4.11.10**条的规定。

【释义】

本条【释义】见本规范第4.11.10条【释义】。

【检查】

本条【检查】见本规范第4.11.10条【检查】。

6 自动扶梯、自动人行道安装工程质量验收

自动扶梯、自动人行道的安装工程与电力驱动的曳引式或强制式电梯及液压电梯的安装工程相比有较大的差别，电力驱动的曳引式或强制式电梯及液压电梯以零部件出厂，现场完成组装、调试；而自动扶梯、自动人行道(除大长度水平人行道外)，一般已在生产厂内进行了组装、调试、检查，工程施工主要工作是土建验收、吊装、整机安装及调试。

通常，自动扶梯、自动人行道有以下几种方式运往现场安装：a)连同扶手系统组装后整体运输，这种方式适用于提升高度比较小的自动扶梯，运输路况比较好，安装现场空间、吊装位置允许的场合。采用这种方式现场安装比较简单；b)部分扶手系统拆下后整体运输，由于现场吊装空间或运输路况的限制，多数自动扶梯采用这种方式运输。采用这种方式现场施工的主要工作是整体吊装、扶手系统的安装及整机调试；c)分成若干段运输，这种方式适用于提升高度较大的自动扶梯或长度较长的自动人行道、现场安装空间相对比较小、运输路况比较差、受集装箱大小的限制、受运输设备的限制的情况。采用这种方式现场安装、调试、检查的工作量比较大；d)另外，对于大长度的水平自动人行道，一般是在现场进行组装、调试。

6.1 设备进场验收

6.1.1 必须提供以下资料：
1．技术资料
1)梯级或踏板的型式试验报告复印件，或胶带的断裂强度证

明文件复印件；

2)对公共交通型自动扶梯、自动人行道应有扶手带的断裂强度证书复印件。

2．随机文件

1)土建布置图；

2)产品出厂合格证。

【释义】

1．技术资料：

1)梯级或踏板的型式试验报告复印件，或胶带的断裂强度证明文件复印件。

梯级、踏板或胶带是直接承受乘客重量和运输乘客的部件，如果在自动扶梯、自动人行道运行过程中发生损坏(如断裂或塌陷)，则会引起人身伤害事故，因此本项要求提供它们的型式试验报告或断裂强度证明文件的复印件。这些技术文件应与所安装的产品相符，也就是对自动扶梯，应提供所用梯级的型式试验报告复印件；对采用踏板的自动人行道，则应提供所用踏板的型式试验报告复印件；对采用胶带的自动人行道，则应提供所用胶带的断裂强度证明文件复印件。

2)对公共交通型自动扶梯、自动人行道应有扶手带的断裂强度证书复印件。

公共交通型自动扶梯、自动人行道满足以下条件：a)属于一个公共交通系统的组成部分，包括出口或入口；b)每周约正常运行140h，且在任何3h的时间间隔内，达到100%制动载荷(见6.3.6条表6.3.6－2)持续运行的时间不少于0.5h。

由以上定义可知，公共交通型自动扶梯、自动人行道比普通型(非公共交通型)的工作强度大、使用位置重要，若发生扶手带断裂，造成的危害也比较大，因此要求公共交通型自动扶梯、自动人行道应提供扶手带破断载荷至少为25kN的断裂强度证书复印件。根据GB 16899，如果没有提供此款要求的技术文件，则应装设在扶手带断裂时能使公共交通型自动扶梯、自动人行道停止运行的装置(扶手带断裂检测装置)。

2．随机文件：

1)土建布置图

土建布置图是自动扶梯、自动人行道生产厂家根据建设单位所购的产品规格和建筑物中与产品相关的土建结构(施工)进行设计绘制的、用来确定产品与土建衔接配合的技术文件。它主要包括井道布置尺寸(如：提升高度、水平跨度、宽度、底坑等)、支撑位置及对安装、承重部位土建强度要求等内容。土建布置图是自动扶梯、自动人行道安装工程的重要依据，应由生产单位和建设单位共同盖章确认。

2)产品出厂合格证

本款【释义】见4.1.1条第2款

【检查】

检查随机文件清单，应包括：a)梯级或踏板的型式试验报告复印件，或胶带的断裂强度证明文件复印件；b)对公共交通型自动扶梯、自动人行道应有扶手带的断裂强度证书复印件(注：若没有提供该技术文件，则产品应装设扶手带断裂检测装置)；c)土建布置图；d)产品出厂合格证。

核对上述技术文件是否完整、齐全，并且应与合同要求的产品相符。

6.1.2 随机文件还应提供以下资料：

1．装箱单；

2．安装、使用维护说明书；

3．动力电路和安全电路的电气原理图。

【释义】

本条【释义】见第4.1.2条【释义】。

【检查】

本条【检查】见第4.1.2条【检查】。

6.1.3 设备零部件应与装箱单内容相符。

【释义】

本条【释义】见第 4.1.3 条【释义】。
【检查】
本条【检查】见第 4.1.3 条【检查】。

6.1.4 设备外观不应存在明显的损坏。
【释义】
本条【释义】见第 4.1.4 条【释义】。
【检查】
本条【检查】见第 4.1.4 条【检查】。

6.2 土建交接检验

6.2.1 自动扶梯的梯级或自动人行道的踏板或胶带上空，垂直净高度严禁小于 2.3m。
【释义】
本条的垂直净高度是相对于已完工的顶面(即装修后)，目的是避免乘客头部和建筑物相碰，以保证乘客安全。由于许多自动扶梯的梯级或自动人行道安装工程，在土建交接检验时，装修工程还未(或正在)进行，因此测量上部楼板开孔尺寸 L_{fes} 和楼板厚度尺寸 F_h 时，应注意考虑装修部分的厚度。如图 6.2.1 所示，垂直净高度(h_4)可根据以下公式计算：

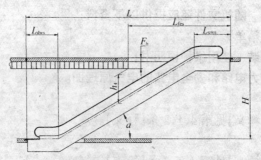

图 6.2.1 垂直净高度示意图

$$h_4 = (L_{fes} - L_{uws}) \text{tg}\alpha - F_h$$

式中 h_4——垂直净高度(m);

L_{fes}——完工后上部楼板开孔尺寸(m);

L_{uws}——上部楼板开孔的右端边缘(承重梁沿口)与自动扶梯的梯级或自动人行道 L1 点的水平距离(m),该尺寸可在土建图中查出;

F_h——完工后上部楼板厚度(m);

α——自动扶梯的梯级或自动人行道的倾斜角(°)。

【检查】

用钢卷尺分别测量尺寸 L_{fes} 和 F_h，从土建布置图中查出 L_{uws} 和 α，根据【释义】中的公式计算垂直净高度。

*6.2.2 在安装之前，井道周围必须设有保证安全的栏杆或屏障，其高度严禁小于 1.2m。

见第 8 章。

6.2.3 土建工程应按照土建布置图进行施工，且其主要尺寸允许误差应为：

提升高度 −15～+15mm；跨度 0～+15mm。

【释义】

如第 6.1.1 条【释义】所述土建布置图给出了提升高度 H 和(水平)跨度 L 尺寸、机房位置、支撑点位置及支撑反力大小等技术要求，土建工程按照土建布置图进行施工，有利于保证自动扶梯或自动人行道工程的顺利进行。

提升高度和(水平)跨度是自动扶梯或自动人行道井道的两个主要技术参数，如果井道的提升高度尺寸误差偏大，则可能造成自动扶梯或自动人行道无法安装；偏小则会造成楼面和自动扶梯或自动人行道的盖板接合处不在同一平面上，这不仅影响美观，而且乘客进出时容易绊倒引发危险。如果井道在跨度方向上的尺寸误差偏大，则可能造成土建支撑点支撑不到或者部分支撑自动扶梯或自动人行道井道，这很容易引起垮塌，造成安全事故；偏小可能造成自动扶梯或自动人行道无法安装。因此，本条对提升高度和水平跨度两个主要尺寸规定了允许误差范围。

【检查】

a)提升高度 H

如图 6.2.3 所示，如果安装自动扶梯或自动人行道的地面已完工，用钢卷尺测量两地面之间的距离；如果地面还没有完工，测量两楼层水平基准线之间的距离。

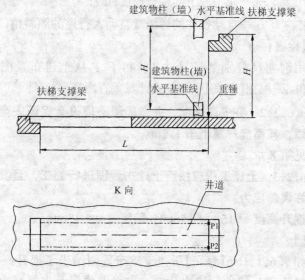

图 6.2.3 提升高度 H 和水平跨度 L 示意图

b)(水平)跨度 L

如图 6.2.3 所示，在上层楼面将重锤线紧贴上部支撑梁沿口，放下重锤直至接近下层楼面，待重锤稳定后，做重锤尖点在下层楼面投影点的标记，用钢卷尺测量此标记点与下层支撑梁沿口的距离，也可直接测量重锤线与下层支撑梁沿口的距离，该距离即为水平跨度。通常，在上层楼面支撑梁沿口的两端点(P1 和 P2)，分别进行测量，以检验支撑梁是否平行。

6.2.4 根据产品供应商的要求应提供设备进场所需的通道

和搬运空间。

【释义】

根据自动扶梯或自动人行道安装工程特点可知，它们采用整体或分段进入现场，体积较大，运入安装位置时需要必要的通道和吊运空间。为防止设备、建筑物被损坏和保证自动扶梯或自动人行道安装工程的顺利进行，各相关部门应协调配合，为自动扶梯或自动人行道设备进场提供必要的通道和搬运空间。在通道口应设有吊装设备的吊运装置。

【检查】

根据供、需双方合同约定，现场测量。

6.2.5 在安装之前，土建施工单位应提供明显的水平基准线标识。

【释义】

水平面基准标识是指每层楼面完工地面的标识线，一般此标识画在墙上或柱子上，是自动扶梯或自动人行道上下盖板的基准线。许多建筑工程自动扶梯或自动人行道安装工程在前，装修工程在后，因此此标识非常重要，如果没有此基准线或此基准线不准，则会造成上、下盖板与完工地面不平，这不利于乘客进出自动扶梯或自动人行道，容易绊倒乘客，以及当地面偏高时，液体可能流入井道及自动扶梯或自动人行道内。

【检查】

逐层观察。

6.2.6 电源零线和接地线应始终分开。接地装置的接地电阻值不应大于 4Ω。

【释义】

本条【释义】见 4.2.4 条 9 款【释义】。

【检查】

本条【检查】见 4.2.4 条 9 款【检查】。

6.3 整机安装验收

6.3.1 在下列情况下,自动扶梯、自动人行道必须自动停止运行,且第4款至第11款情况下的开关断开的动作必须通过安全触点或安全电路来完成。

1. 无控制电压;
2. 电路接地的故障;
3. 过载;
4. 控制装置在超速和运行方向非操纵逆转下动作;
5. 附加制动器(如果有)动作;
6. 直接驱动梯级、踏板或胶带的部件(如链条或齿条)断裂或过分伸长;
7. 驱动装置与转向装置之间的距离(无意性)缩短;
8. 梯级、踏板或胶带进入梳齿板处有异物夹住,且产生损坏梯级、踏板或胶带支撑结构;
9. 无中间出口的连续安装的多台自动扶梯、自动人行道中的一台停止运行;
10. 扶手带入口保护装置动作;
11. 梯级或踏板下陷。

【释义】

本条1至11款中所述的情况发生时,若自动扶梯、自动人行道还能运行,则可能造成设备损坏或伤害乘客,导致严重后果,因此整机安装完成验收时,要求检查为1至11款所设置的安全保护措施,以验证安装正确、动作正常。

为了安全、可靠,产品设计时就应符合"第4款至第11款情况下的开关断开的动作必须通过安全触点或安全电路来完成"。安装施工过程中,第4款至第11款的开关及其操作装置(打板)的安装、调整应符合安装说明书的要求,以保证其动作正常。

1. 无控制电压

如果自动扶梯、自动人行道的控制柜内无控制电压,则无法保证其安全、可靠的运行,此时制动器应动作,使自动扶梯、自动人行道停止运行。

2. 电路接地的故障

本款的"电路接地的故障"是指 GB 16899－1997 第 14.1.1.3 条要求。当发生"电路接地的故障"时,可能导致人员触电或设备损坏的危险,因此要求该电路中的电气安全装置应使驱动主机立即停止运行。另外,产品设计、安装时,还应注意,当此电气安全装置动作后,只有通过专职人员才能恢复运行。

3. 过载

本款的过载保护是指:a)直接与电源连接的驱动主机电动机应通过手动复位的电气开关切断其全部供电来实现过载保护;b)如果过载检测取决于电动机绕组温升时,当温度超过设计值时,自动扶梯、自动人行道应停止运行,断路器可在电动机绕组充分冷却后,自动闭合,但只能在 GB 16899 第 14.2.1 条规定的条件下,才可再次启动自动扶梯、自动人行道;c)过载保护可采用 a)或 b),如果电动机具有多个不同电路供电的绕组,则每一个绕组都应装设过载保护。

4. 控制装置在超速和运行方向非操纵逆转下动作

"超速保护装置"是指自动扶梯、自动人行道在速度超过额定速度 1.2 倍之前,该装置应动作,使其自动停止运行。但是,如果交流电动机与梯级、踏板或胶带间的驱动是非磨擦性的连接,并且转差率不超过 10%,由此防止超速时,可不设超速保护。

"运行方向非操纵逆转保护装置"是指自动扶梯和倾斜式自动人行道在梯级、踏板或胶带改变规定运行方向时,该装置应动作,使它们自动停止运行。

5. 附加制动器(如果有)动作

在以下任何一种情况下,自动扶梯和倾斜式自动人行道应设置一只或多只附加制动器，该制动器直接作用于梯级、踏板或胶带驱动系统的非摩擦元件上(单根链条不应认为是非摩擦元件)：a)工作制动器和梯级、踏板或胶带驱动轮之间不是用轴、齿轮、多排链条、两根或两根以上的单根链条连接的；b)工作制动器不是符合 GB 16899 中 12.4.2 规定的机－电式制动器；c)提升高度超过 6m。

附加制动器在下列任何一种情况下均应起作用：a)在速度超过额定速度 1.4 倍之前；b)在梯级、踏板或胶带改变其规定运行方向时。附加制动器在动作开始时，应可靠地切断控制电路；它应能使载有制动载荷的自动扶梯或倾斜式自动人行道有效减速、停止，并使其保持静止状态。

6. 直接驱动梯级、踏板或胶带的部件(如链条或齿条)断裂或过分伸长

直接驱动梯级、踏板或胶带的部件是指驱动站内，用于驱动主机与驱动梯级、踏板或胶带的装置之间的传动部件，通常，该部件为链条或齿条。本款要求在链条或齿条断裂或过分伸长时，为此而设的安全开关应动作。

7. 驱动装置与转向装置之间的距离(无意性)缩短

驱动装置是指驱动梯级、踏板或胶带运行的装置，如驱动梯级、踏板的链轮或驱动胶带的滚筒；转向装置是指在驱动装置的另一端，使梯级、踏板或胶带实现循环运转的装置，如张紧轮或张紧滚筒。通常，安全开关设在转向装置一端，当驱动装置与转向装置之间的距离缩短到设定位置时，此开关动作。目前我国有些产品，对驱动装置与转向装置之间的距离伸长量，也设置安全开关控制，当伸长量达到设定位置时，为此而设安全开关动作。

8. 梯级、踏板或胶带进入梳齿板处有异物夹住，且产生损坏梯级、踏板或胶带支撑结构

对自动扶梯和踏板式自动人行道的梳齿板，当有异物卡入时，其梳齿在变形或断裂的情况下，应仍能保持与梯级或踏板的正常啮合；对胶带式自动人行道的梳齿板，当有异物卡入时，胶

带的齿条允许有变形，但是梳齿仍能与胶带齿槽啮合。"有异物夹住"是指有异物卡入后，上述的"啮合"状态被破坏。当梳齿板处有异物夹住，且产生损坏梯级、踏板、胶带或梳齿板支撑结构时，梳齿板安全开关应动作，以防事故扩大。

9. 无中间出口的连续安装的多台自动扶梯、自动人行道中的一台停止运行

自动扶梯或自动人行道的出入口，应有充分畅通的区域，以容纳乘客，该区域是整个交通系统的组成部分。对前后连续的多台自动扶梯或自动人行道，如果中间处没有出口，要求当其中一台停止运行时，其它自动扶梯或自动人行道应停止运行，目的是避免因该中间处区域不足，对乘客造成危险。

10. 扶手带入口保护装置动作

在扶手带转向端的扶手带入口处应装设手指和手的保护装置，当手指和手以及异物被带入扶手带入口时，此保护装置中的安全开关应动作。

11. 梯级或踏板下陷

梯级或踏板的任何部分下陷将导致在出入口处与梳齿板的啮合不再有保证，当下陷的梯级或踏板运行到梳齿板相交线前一定长的距离时，为此而设的开关应动作，以保证下陷的梯级或踏板不能到达梳齿板相交线，防止人员跌倒、夹伤、碰伤或损坏自动扶梯、自动人行道的其它部件。

【检查】

按本条 1 款至 11 款的顺序，以下说明每款可采用的检查方法，对第 4 款至第 11 款的开关，还应用钢卷尺等仪器测量开关与其操作装置（打板）的安装位置，安装位置应符合安装说明书的要求。

1. 空载运行自动扶梯或自动人行道，断开运行中自动扶梯或自动人行道的控制电源，自动扶梯或自动人行道应自动停止运行。

2. 空载运行自动扶梯或自动人行道，人为使电路接地故障

的电气安全装置装置动作，自动扶梯或自动人行道应停止运行，且只有通过专职人员才能恢复运行。

3. 空载运行自动扶梯或自动人行道，人为使过载保护装置的开关动作，自动扶梯或自动人行道应自动停止；如果过载检测取决于电动机绕组温升时，断开检测装置的接线，自动扶梯或自动人行道应自动停止运行。

4. 空载运行自动扶梯或自动人行道，分别人为使超速和运行方向非操纵逆转保护装置的开关动作(超速保护装置如果有)，自动扶梯或自动人行道应自动停止运行。

5. 首先判定是否应装设附加制动器；如果有附加制动器应进行如下试验：载有制动载荷的自动扶梯或自动人行道启动向下运行后，人为使工作制动器失去作用，且使防止速度超过1.4倍额定速度的保护装置或非操作逆转保护装置(或附加制动器的开关)动作，附加制动器应起作用，自动扶梯和自动人行道应停止运行。

6. 空载运行自动扶梯或自动人行道，人为使直接驱动梯级、踏板或胶带的部件(如链条或齿条)断裂或过分伸长的保护装置的开关动作，自动扶梯或自动人行道应停止运行。

7. 空载运行自动扶梯或自动人行道，人为使驱动装置与转向装置之间的距离(无意性)缩短或过分伸长的保护装置上的安全开关动作，自动扶梯或自动人行道应停止运行。

8. 空载运行自动扶梯或自动人行道，人为使入口处的梳齿板附近，防止损坏梯级、踏板、胶带或梳齿板支撑结构的保护装置的安全开关动作，自动扶梯或自动人行道应停止运行。

9. 如果连续安装的多台自动扶梯或自动人行道中无中间出口时，使它们空载运行，人为停止运行中的任一台(使其停止开关动作)，其它的自动扶梯或自动人行道均应停止运行。

10. 空载运行自动扶梯或自动人行道，人为用一个与手指大小相近的物体(如可选一根木棒)缓慢伸入扶手带入口，扶手带入口保护装置应动作，自动扶梯或自动人行道应停止运行。

11．空载运行自动扶梯或自动人行道，人为使梯级或踏板下陷的保护装置的开关动作，自动扶梯或自动人行道应停止运行。

6.3.2 应测量不同回路导线对地的绝缘电阻。测量时，电子元件应断开。导体之间和导体对地之间的绝缘电阻应大于$1000\Omega/V$，且其值必须大于：

1．动力电路和电气安全装置电路 **0.5MΩ**；

2．其他电路(控制、照明、信号等)**0.25MΩ**。

【释义】

本条【释义】见 4.10.2 条【释义】。

【检查】

本条【检查】见 4.10.2 条【检查】。

6.3.3 电气设备接地必须符合本规范第 **4.10.1** 条的规定。
本条为强制性条文，见第 8 章。

6.3.4 整机安装检查应符合下列规定：

1．梯级、踏板、胶带的楞齿及梳齿板应完整、光滑；

2．在自动扶梯、自动人行道入口处应设置使用须知的标牌；

3．内盖板、外盖板、围裙板、扶手支架、扶手导轨、护壁板接缝应平整。接缝处的凸台不应大于 **0.5mm**；

4．梳齿板梳齿与踏板面齿槽的啮合深度不应小于 **6mm**；

5．梳齿板梳齿与踏板面齿槽的间隙不应大于 **4mm**；

6．围裙板与梯级、踏板或胶带任何一侧的水平间隙不应大于 **4mm**，两边的间隙之和不应大于 **7mm**。当自动人行道的围裙板设置在踏板或胶带之上时，踏板表面与围裙板下端之间的垂直间隙不应大于 **4mm**。当踏板或胶带有横向摆动时，踏板或胶带的侧边与围裙板垂直投影之间不得产生间隙；

7．梯级间或踏板间的间隙在工作区段内的任何位置，从踏面测得的两个相邻梯级或两个相邻踏板之间的间隙不应大于 **6mm**。在自动人行道过渡曲线区段，踏板的前缘和相邻踏板的后缘啮合，其间隙不应大于 **8mm**；

8．护壁板之间的空隙不应大于 **4mm**。

【释义】

本条主要是对自动扶梯或自动人行道与乘客安全有关的部件之间间隙、外观、梳齿板与梯级、踏板、胶带啮合深度,以及乘客须知的标牌等内容的要求,以确保安装质量,防止自动扶梯或自动人行道在使用过程中伤害乘客或损坏设备的情况发生。

1. 梯级、踏板、胶带的楞齿及梳齿板应完整、光滑。

本款为了防止在安装过程中梯级、踏板、胶带的楞齿及梳齿板被损伤,或产品自身缺陷,导致夹伤或划破乘客手指或脚趾等安全事故,以及造成设备损坏的情况发生。"完整、光滑"是指梯级、踏板、胶带的楞齿及梳齿板不应有断裂、缺齿、凹凸变形、毛刺等缺陷。

2. 在自动扶梯、自动人行道入口处应设置使用须知的标牌。

自动扶梯、自动人行道入口处设置的使用须知的标牌应包括以下内容:a)"必须紧拉住小孩";b)"宠物必须被抱着";c)"站立时面朝运行方向,脚需离开梯级边缘";d)"握住扶手带"。另外,可视根据具体情况,增加使用须知,如"赤脚者不准使用"、"不准运输笨重物品"、"不准运输手推车"等等。

设计制造时,使用须知,还应尽可能使用象形图表示(例如图 6.3.4-1 所示),其最小尺寸为 80mm×80mm。

图 6.3.4-1 使用须知的象形图示例

3. 内盖板、外盖板、围裙板、扶手支架、扶手导轨、护壁板接缝应平整。接缝处的凸台不应大于0.5mm。

内盖板、外盖板、围裙板、扶手支架、扶手导轨、护壁板是乘客可能意外触及的部位，如果它们接缝处不平整或凸台太大，可能造成划伤乘客或挂住乘客衣物引发安全事故。另外，要求接缝应平整及限制凸台有利于美观。

4. 梳齿板梳齿与踏板面齿槽的啮合深度不应小于6mm。

图6.3.4-2所示，本款主要为了在自动扶梯或自动人行道运行过程中，保证梳齿板梳齿与踏板面齿槽之间正确的啮合关系，同时也防止体积较大的异物被梯级、踏板、胶带带入它们与梳齿板的啮合处，以避免引发人身事故或损坏设备。

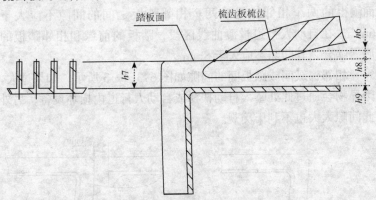

图6.3.4-2 梳齿板梳齿与踏板面齿槽之间的啮合

5. 梳齿板梳齿与踏板面齿槽的间隙不应大于4mm。

本款主要是为了防止将体积较大的异物被梯级、踏板、胶带带入它们与梳齿板的啮合处，破坏啮合、损坏设备。

6. 围裙板与梯级、踏板或胶带任何一侧的水平间隙不应大于4mm，两边的间隙之和不应大于7mm。当自动人行道的围裙板设置在踏板或胶带之上时，踏板表面与围裙板下端之间的垂直间隙不应大于4mm。当踏板或胶带有横向摆动时，踏板或胶带的侧边与围裙板垂直投影之间不得产生间隙。

围裙板与梯级、踏板或胶带侧面的水平间隙过大，容易造成乘客衣物卷入或异物落入自动扶梯或自动人行道内，引发安全事故或造成设备损坏，另外此间隙太大也不利于美观。

自动人行道的围裙板可以设置在踏板或胶带之上，但要求踏板表面与围裙板下端之间的垂直间隙不大于4mm，另外，即使踏板或胶带有横向摆动时，踏板或胶带的侧边与围裙板垂直投影之间不得产生间隙，主要是为了防止卡住乘客脚趾、挂住乘客衣物、异物落入自动人行道内引发危险、损坏设备，同时也是为了良好的观感。

7. 梯级间或踏板间的间隙在工作区段内的任何位置，从踏面测得的两个相邻梯级或两个相邻踏板之间的间隙不应大于6mm。在自动人行道过渡曲线区段，踏板的前缘和相邻踏板的后缘啮合，其间隙不应大于8mm。

相邻梯级间或踏板间的间隙如图6.3.4-3所示，如果过大，则异物会通过此处坠入自动扶梯或自动人行道内损坏设备，另外此间隙太大也不利于美观。

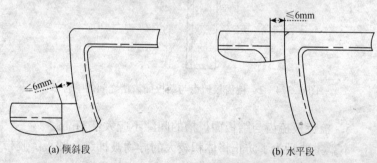

(a) 倾斜段　　　　　　　　(b) 水平段

图6.3.4-3　相邻梯级间或踏板间的间隙

8. 护壁板之间的空隙不应大于4mm。

乘客可能意外触及护壁板，如果它们接缝处间隙太大，可能造成刮伤乘客手指等危险，因此要求最大间隙为4mm。

【检查】

以下按本条 1 款至 8 款的顺序，说明每款可采用的检查方法：

1. 检查人员站在上或下盖板上，用盘车手轮（或点动运行）使自动扶梯或自动人行道分别向两个方向运行一个以上循环，观察梯级、踏板、胶带的楞齿及梳齿板的梳齿，应完整、光滑。

2. 观察使用须知的标牌，应在自动扶梯或自动人行道的出入口处，其数量和具体安装位置，应符合安装说明书要求。

3. 观察内盖板、外盖板、围裙板、扶手支架、扶手导轨、护壁板接缝是否平整；用塞尺检查接缝间的凸台，不应大于 0.5mm。

4. 用钢板尺测量齿槽深度 $h7$，则啮合深度 = $h7 - h9$，$h9$ 为本条第 5 款测得的间隙值。

5. 用斜尺或钢板尺测量梳齿板梳齿与踏板面齿槽的间隙 $h9$，不应大于 4mm。

6. 围裙板与梯级、踏板或胶带之间的水平间隙检查可按照以下步骤进行：

a) 在自动扶梯或自动人行道静止状态下，观察围裙板与梯级、踏板或胶带任何一侧的水平间隙，选间隙较大的几处用钢板尺分别测量两边值；

b) 运行自动扶梯或自动人行道使返回段梯级、踏板或胶带到工作段后停止，重复 a) 中的检查；

c) 取 a) 和 b) 测得间隙值的最大值。

当自动人行道的围裙板设置在踏板或胶带之上时，踏板表面与围裙板下端之间的垂直间隙的检查可按照以下步骤进行：

a) 在自动人行道静止状态下，观察围裙板与踏板或胶带任何一侧的垂直间隙，选间隙较大的几处用钢板尺测量其值；

b) 运行自动人行道使返回段踏板或胶带到工作段后停止，重复 a) 中的检查；

c) 取 a) 和 b) 测得间隙值的最大值。

当踏板或胶带有横向摆动时，踏板或胶带的侧边与围裙板垂直投影之间不得产生间隙的检查可按照以下方法进行：

分别使自动人行道向两个方向运行各3个循环以上，检查人员每次站在不同的踏板或不同的胶带位置上，前后观察，踏板或胶带的侧边与围裙板垂直投影之间不得产生间隙。

7. 踏面测得的两个相邻梯级或两个相邻踏板之间的间隙的检查可按照以下步骤进行：

a)在自动扶梯或自动人行道静止状态下，观察非过渡曲线区段和过渡曲线区段两个相邻梯级或踏板之间的间隙，分别选间隙较大的几处用钢板尺测量其值；

b)运行自动扶梯或自动人行道使返回段梯级、踏板或胶带到工作段后停止，重复a)中的检查；

c)分别取a)和b)测得非过渡曲线区段和过渡曲线区段间隙值的最大值。

8. 在每个护壁板接缝处空隙的上、中、下三点处用钢板尺测量，测得的每一处间隙值不应大于4mm。

6.3.5 性能试验应符合下列规定：

1. 在额定频率和额定电压下，梯级、踏板或胶带沿运行方向空载时的速度与额定速度之间的允许偏差为±5%；

2. 扶手带的运行速度相对梯级、踏板或胶带的速度允许偏差为0～+2%。

【释义】

第1款中"在额定频率和额定电压下"是指作此项试验时，供电电源的额定电压、额定频率应与自动扶梯或自动人行道产品设计要求相符，产品设计值可在土建布置图中查出。额定速度指的是自动扶梯或自动人行道设计所规定的梯级、踏板或胶带运行速度。测量时，"空载"可忽略两名检测人员的重量。

第2款是对扶手带速度与梯级、踏板或胶带的速度的相对偏差的提出要求，因为扶手带速度慢，乘客很容易向后跌倒；扶手速度偏快，会造成乘客向前跌倒，因此本款要求扶手带速度相对梯级、踏板或胶带的速度允许偏差在0至+2%之间，以保证乘客安全。

【检查】

1. 可采用以下方法进行梯级、踏板或胶带的速度测量及偏差计算：

a)用电压表测量三相电源输入端的相电压，应与自动扶梯或自动人行道土建布置图要求相符；确认电源额定频率为50Hz；

b)分别在自动扶梯或自动人行道倾斜段(水平式自动人行道在工作段)裙板靠近上部、下部水平段处作标记点，这些标记点应在同一侧且有利于在后续试验过程中观察和测量，且两点连线与梯级、踏板、胶带的运动轨迹平行，测量两点距离(S)；任选某个梯级踏面与踢板面交点、某个踏板踏面边线靠近裙板端的一点或胶带踏面靠近裙板端任一点作标记；运行空载自动扶梯或自动人行道，用秒表计测量梯级、踏板、胶带标记点经过裙板两点标记之间所需时间(t)；根据 $V=S/t$ 便可计算出梯级、踏板或胶带运行速度。上、下行分别重复作3次以上，各取平均值。

另外，b)也可以按以下方法代替：运行空载自动扶梯或自动人行道，直接用转速表测量梯级、踏板或胶带上、下运行速度。

c)根据第5.11.8条【检查】的偏差公式计算偏差。

2. 可采用以下方法进行扶手带速度的测量：

a)在自动扶梯或自动人行道的倾斜段(水平式自动人行道在工作段)的扶手带支架上选两点(应靠近上或下水平段)作标记，两标记点应有利于在后续试验过程中观察和测量且尽量靠近扶手带，两点连线与扶手带运动轨迹平行，并测量两点距离(S)；任选扶手带上一点，运行空载自动扶梯或自动人行道，用秒表测量扶手带已作标记点运行扶手带支架上两点之间所需时间(t)；根据 $V=S/t$ 便可计算出扶手带运行速度。上、下行分别重复作3次以上，各取平均值。

另外，a)也可以按以下方法代替：运行空载自动扶梯或自动人行道，直接用转速表测量扶手带上、下运行速度。

b)扶手带的运行速度相对梯级、踏板或胶带的速度偏差可根据以下公式计算：

$$速度差值 = \frac{扶手带速度-梯级、踏板、胶带的实测速度}{梯级、踏板、胶带的实测速度} \times 100\%$$

6.3.6 自动扶梯、自动人行道制动试验应符合下列规定：

1. 自动扶梯、自动人行道应进行空载制动试验，制停距离应符合表6.3.6-1的规定。

2. 自动扶梯应进行载有制动载荷的下行制停距离试验（除非制停距离可以通过其他方法检验），制动载荷应符合表6.3.6-2规定，制停距离应符合表6.3.6-1的规定；对自动人行道，制造商应提供按载有表6.3.6-2规定的制动载荷计算的制停距离，且制停距离应符合表6.3.6-1的规定。

表6.3.6-1 制停距离

额定速度(m/s)	制停距离范围(m)	
	自动扶梯	自动人行道
0.5	0.20~1.00	0.20~1.00
0.65	0.30~1.30	0.30~1.30
0.75	0.35~1.50	0.35~1.50
0.90	—	0.40~1.70

【释义】

自动扶梯和自动人行道制停距离过短，可能导致乘客跌倒；制停距离过长，可能发生伤害乘客，或出现故障时，自动扶梯和自动人行道不能按规定尽快制停，会使事故、故障进一步加重、扩大，因此本条对自动扶梯和自动人行道的在空载和载有制动载荷工况的制动距离提出了要求。

表 6.3.6-2 制动载荷

梯级、踏板或胶带的名义宽度(m)	自动扶梯每个梯级上的载荷(kg)	自动人行道每 0.4m 长度上的载荷(kg)
$z \leqslant 0.6$	60	50
$0.6m < z \leqslant 0.8$	90	75
$0.8m < z \leqslant 1.1$	120	100

注：1. 自动扶梯受载的梯级数量由提升高度除以最大可见梯级踢板高度求得，在试验时允许将总制动载荷分布在所求得的 2/3 的梯级上；
2. 当自动人行道倾斜角度不大于 6°，踏板或胶带的名义宽度大于 1.1m 时，宽度每增加 0.3m，制动载荷应在每 0.4m 长度上增加 25kg；
3. 当自动人行道在长度范围内有多个不同倾斜角度(高度不同)时，制动载荷应仅考虑那些能组合成最不利载荷的水平区段和倾斜区段。

自动扶梯上行时，由于载荷和梯级组件的重量均为阻力，制动时乘客跌倒的危险相对于下行要小，以及根据 GB 16899 的相关要求，本条规定自动扶梯应进行载有表 6.3.6-2 规定制动载荷下行制停距离试验。另外，如果自动扶梯制停距离可以通过其它方法检验(如其它试验)，可不进行自动扶梯载有制动载荷下行制停距离试验。

表 6.3.6-2 的注 1 是从便于试验、试验安全和保护设备的角度，规定了试验时具有可操作性加载方法。注 2 规定了踏板或胶带的名义宽度大于 1.1m 的载荷规定，另一层含义为自动人行道倾斜角度在大于 6°小于等于 12°之间时，踏板或胶带的名义宽度不允许大于 1.1m。注 3 是对一台自动人行道在其长度范围内有多个不同倾斜角度(高度不同)的情况，规定此时制动载荷仅考虑到那些能组合成最不利载荷的水平区段和倾斜区段。

因为自动人行道倾斜角度比较小($\leqslant 12°$)，制动时与自动扶梯相比危险性小，且自动人行道较长，如需做载有制动载荷制停距离试验，需要很多的加载砝码，现场操作比较困难，因此对自动人行道，要求制造商提供按载有表6.3.6-2规定的制动载荷计算的制停距离，制停距离应符合表6.3.6-1的规定，不必在现场进行载有制动载荷的制动试验。

【检查】

可按以下方法进行本条的检查：

a)空载制动试验：

分别在自动扶梯或自动人行道倾斜段裙板靠近上部、下部水平段处作标记点，选某个梯级踏面与踢板面交点、某个踏板踏面边线靠近裙板端的一点或胶带踏面靠近裙板端任一点作标记，这些标记点应在同一侧且有利于在后续试验过程中观察和测量。空载向上运行自动扶梯或自动人行道，当梯级、踏板、胶带标记点与倾斜段下部裙板上的标记重合时，急停开关动作，完全停止后，用钢卷尺测量裙板标记点与梯级、踏板、胶带标记点之间的距离，两点连线应与梯级、踏板、胶带的运动轨迹平行。同样可测得空载向下运行时的制动距离。

也可以采用以下方法：空载上（或下）运行自动扶梯或自动人行道，当某一梯级或踏板踏面边线与上（或下）梳齿板相交线重合时，迅速按下急停开关，并在该梯级踏面上划一标记，并记录进入梳齿板相交线完整梯级的数量(n)，待自动扶梯完全停止，用钢卷尺测量没有完全进入梳齿板相交线的梯级的剩下深度(D_{sc})，则上（或下）行空载制动距离可通过下式计算：制动距离＝梯级深度×(1+n)－D_{sc}。对胶带式自动人行道，首先在胶带上划一与梳齿板相交线平行的线段作为标记，空载向上运行（对于水平式选一运行方向），当标记线与梳齿板相交线重合时，迅速按下急停开关，待自动扶梯完全停止，在胶带上划与梳齿板相交线重合线后，用钢卷尺测量胶带上两标记线之间的距离，即为空载制动距离。

b)载有制动载荷的自动扶梯下行制动试验：

Ⅰ)根据表6.3.6-2计算制动载荷大小、砝码数量和受载梯级数量；

Ⅱ)将制动载荷均匀分布在上部 2/3 受载梯级上；

Ⅲ)向下启动自动扶梯，然后制动自动扶梯；制动开关动作的同时，在靠近盖板端水平段扶手导轨支架和扶手带上，同时划标记线，即：划标时应保证扶手导轨支架和扶手带的标记线重合；待自动扶梯完全停止后，用钢卷尺测量扶手带导轨支架上标记点与扶手带标记点之间的距离。

也可以采用以下方法：向下启动自动扶梯，当邻近上梳齿板的梯级踏面边线与上梳齿板相交线重合时，迅速按下急停开关，并在该梯级踏面上划一标记，待自动扶梯完全停止。如果作标记的梯级依然在水平段，则可用钢卷尺测量该梯级踏面边线与梳齿板相交线之间的距离，该距离即为制动距离；如果作标记的梯级不在水平段，则数越过梳齿板相交线的完整梯级的数量(n)，并用钢卷尺测量没有完全越过梳齿板相交线的梯级的越过距离(D_{sc})，则制动距离可通过下式计算：制动距离 = 梯级深度 × n + L_{sc}。试验时用上梳齿板相交线作基准，是为了保证检查人员的安全。

c)自动人行道制停距离

随机文件中，制造商应提供按载有表 6.3.6-2 规定的制动载荷计算制动距离的有关技术文件(内容)。

6.3.7 电气装置还应符合下列规定：

1．主电源开关不应切断电源插座、检修和维护所必需的照明电源。

2．配线应符合本规范第 **4.10.4**、**4.10.5**、**4.10.6** 条的规定。

【释义】

本条【释义】见 4.10.1 条【释义】。

【检查】

本条【检查】见 4.10.1 条【检查】。

6.3.8 观感检查应符合下列规定：

1．上行和下行自动扶梯、自动人行道，梯级、踏板或胶带与围裙板之间应无刮碰现象(梯级、踏板或胶带上的导向部分与围裙板接触除外），扶手带外表面应无刮痕。

2．对梯级（踏板或胶带）、梳齿板、扶手带、护壁板、围裙板、内外盖板、前沿板及活动盖板等部位的外表面应进行清理。

【释义】

通过上行和下行自动扶梯或自动人行道检查梯级、踏板或胶带与围裙板之间刮碰现象、扶手带外表面刮痕，能尽早发现安装调整的不足，避免故障发生。如果梯级、踏板或胶带上利用围裙板导向，则不考虑它们导向部件与围裙板之间的接触，但不能产生摩擦噪音。

由于自动扶梯或自动人行道是用于公共场所的交通工具，因此随着社会的发展和人们生活水平的逐渐提高，对其观瞻质量的要求越来越高。因此本条要求对乘客可见部件的表面进行清理，以达到美观的目的，另外还可以避免异物进入自动扶梯或自动人行道，防止损坏设备。

• 【检查】

a)上行和下行自动扶梯或自动人行道一个循环以上，分别观察梯级、踏板或胶带与围裙板之间是否有刮碰现象(梯级、踏板或胶带上的导向部分与围裙板接触的部位除外)、扶手带外表面是否有刮痕。

b)停止自动扶梯或自动人行道，分别观察梯级(踏板或胶带)、梳齿板、扶手带、护壁板、围裙板、内外盖板、前沿板及活动盖板等部位的外表面是否清理干净。运行自动扶梯或自动人行道使返回段梯级(踏板或胶带)位于工作段后停止，观察梯级(踏板或胶带)外表面是否清理干净。

7 分部(子分部)工程质量验收

本规范第7章主要依据《统一标准》第5章建筑工程质量验收和电梯安装工程的特点编制。对分项工程质量验收合格、分部(子分部)工程质量验收合格分别作了规定，并且规定了当电梯安装工程质量不合格时的处理要求。

《统一标准》第2.0.5将检验批定义为"按同一的生产条件或按规定的方式汇总起来供检验用的，由一定数量样本组成的检验体"。由于电梯安装工程有相对独立性，因此与其他建筑设备安装工程，如建筑电气、建筑给水排水不同，没有检验批之划分，也就是分项工程不再划分为检验批。电梯安装工程的分项工程是按电梯部件或施工特点来划分的，其验收应符合本规范第7章中分项工程的相应规定。

7.0.1 分项工程质量验收合格应符合下列规定：

1. 各分项工程中的主控项目应进行全验，一般项目应进行抽验，且均应符合合格质量规定。可按附录C表C记录。

2. 应具有完整的施工操作依据、质量检查记录。

【释义】

主控项目和一般项目的检验结果是判定分项工程的合格质量主要依据。主控项目是建筑工程中对安全、卫生、环境保护和公共利益起决定作用的检验项目，是决定电梯安装工程主要性能的项目，如达不到本规范规定的指标，就会影响工程的安全性能，验收时必须全部检验，且应符合合格质量规定。一般项目是除主控项目以外的检验项目，施工过程中也必须达到合格质量规定，且应填写在验收记录表中，一般项目应进行抽验，所抽验的一般项目应能够体现和代表子分部工程的质量水平，如果验收人员依据抽验的一般项目结果，不能对未抽验一般项目的合格做出肯定，则也应全验。

分项工程验收是在安装单位自检合格的基础上进行的，由监理单位代表建设单位验收，落实了监理负责制，贯彻执行了《条例》强化监理的要求。如果没有监理单位，则由建设单位验收。分项工程验收可按附录 C 表 C 记录。

对安装单位的施工依据提出了要求，安装单位应结合企业自身技术、管理等实际情况，具有完善的施工指导文件（企业标准）及验收标准。安装单位各施工工序的操作依据、检验记录等是分项工程验收的前提。

7.0.2 分部（子分部）工程质量验收合格应符合下列规定：

1． 子分部工程所含分项工程的质量均应验收合格且验收记录应完整。子分部可按附录 D 表 D 记录；

2． 分部工程所含子分部工程的质量均应验收合格。分部工程质量验收可按附录 E 表 E 记录汇总；

3． 质量控制资料应完整；

4． 观感质量应符合本规范要求。

【释义】

子分部工程所含各分项工程的质量验收合格和分项工程验收记录完整是子分部工程验收的前提，质量验收记录是指各分项工程验收时的记录文件。在验收过程中，应检查每个分项工程验收是否正确；核查所含分项工程，是否有漏掉的分项工程没有进行验收或归纳进来；检查每个分项工程的资料，内容是否有缺漏项，以及分项工程人员的签字是否齐全及符合条件。

根据电梯产品、安装工程的特点，每台电梯安装工程作为一个子分部工程，分部工程由一个或多个子分部工程组成。分部、子分部工程的验收内容、程序都是一样的。如分部工程中只有一个子分部工程时，子分部就是分部工程。如分部工程中有多个子分部工程时，可以按子分部逐个地进行验收，均合格后，将各子分部的质量控制资料进行核查，履行分部工程验收程序。子分部工程质量验收，可按附录 D 表 D 记录，分部工程质量验收，按附录E表E记录。

质量控制资料应完整,这项验收内容,实际上是统计、归纳和核查,主要包括以下几个方面的资料:

a)在分部、子分部工程验收时,主要是核查和归纳各分项工程的施工操作依据、质量检查记录是否配套和完整,包括安装工艺(企业标准)、施工操作规程、安装过程控制制度、隐蔽工程验收记录、施工单位自检记录等文件资料;

b)核查和归纳各分项工程的验收记录资料,查对其是否完整;

c)设备进场验收、土建交接检验、整机安装检验的验收资料是否完整;

d)核对各种资料的内容、数据及验收人员的签字是否正确。

观感质量验收,应符合整机验收、设备进场验收以及分项工程中相应观感检查项目的要求。由于难以定量,只能以观察、触摸或简单测量的方法进行,为了保证公正性,参加验收的人员应由总监理工程师组织,由不少于2名监理工程师来检查,如果没有监理单位,则由建设单位项目负责人组织不少于2名项目参加人来检查。

子分部、分部工程质量验收也是在安装单位自检合格的基础上进行的,由监理单位总监理工程师代表建设单位验收,如果没有监理单位,则由建设单位项目负责人代表建设单位验收。

7.0.3　当电梯安装工程质量不合格时,应按下列规定处理:

1. 经返工重做、调整或更换部件的分项工程,应重新验收;

2. 通过以上措施仍不能达到本规范要求的电梯安装工程,不得验收合格。

【释义】

安装工程质量中不合格项目,在安装单位分项工程自检时就应发现并及时补救处理,否则将影响其后续分项工程施工质量及验收。以便将所有质量隐患尽早消灭在萌芽状态,这也是本规范强化验收促进过程控制原则的体现。

当分项工程质量不符合要求时,对不符合要求的工程要进行分析,找出是哪个或哪几个项目达不到规范的规定。造成不符合规定的原因很多,有操作技术方面的,也有管理不善方面的,也可能是电梯产品质量方面的,因此一旦发现工程质量任一项不符合规定时,必须及时组织有关人员,查找分析原因,并按有关技术规定,通过有关方面共同商量,制定补救方案,及时进行处理。经过处理后的分项工程,应重新验收。对于经过返修仍达不到本规范要求的电梯安装工程,不得迁就验收合格。

8 强制性条文

8.1 综 述

8.1.1 强制性条文产生的背景

2000年以后颁布的工程建设标准规范均采用黑体字标出强制性条文，强制性条文对建设工程活动具有重要的作用。

《建设工程质量管理条例》第四十四条规定：国务院建设行政主管部门和国务院铁路、交通、水利等有关部门应当加强对有关建设工程质量的法律、法规和强制性标准执行情况的监督检查。同时，该条例对违反强制性标准的建设活动各方责任主体给予较为严厉的处罚。这将改变长期以来建设工程活动中对标准执行情况的实施监督一直是薄弱环节状况。

从1988年《标准化法》颁布以后，各级标准在批准时就明确了所制定标准的属性，在十年期间，我国已经批准的工程建设国家标准、行业标准、地方标准中强制性标准为2700多项，占整个标准数量的75%，相应标准中条文就有15万多条。如果按照这么多条文去罚款，监督人员检查的工作量太大，需要的时间太长，不利于提高工作效率，不适应于现代化生活节奏的需要，也会造成监督人员无从做起，久而久之，使工程建设标准的执行打折扣；再好的工程、再好的工程技术人员都有可能违反标准规范的某些条款的规定，如果这些条款是一般项目，受罚者受到处罚后，就会心不服、口不服，而且由于条款的重要性不同，处罚尺度难掌握；容易造成监督人员、施工企业鱼目混珠，丢西瓜拣芝麻，抓不住重点，这些都不利于促进和保证工程质量的提高。强制性条文就是在这样的背景下出现的，房屋建筑部分摘录了107

本标准，强制性条文数为 1544 条，占所摘录的标准不到 7% 的条文。

8.1.2 强制性条文制订的原则

1. 基本原则

世界贸易组织 WTO 制定的"技术贸易壁垒协定"，对技术法规给出的范围为：国家安全、防止欺骗、保护人体健康和安全、保护动植物的生命和健康、保护环境。

由于我国的"工程建设标准强制性条文"是技术法规，必须执行，因此确定强制性条文的基本原则与国际上的技术法规基本上是相近的。强制性条文确定的原则是由政府有关部门规定的，首要关心的人民的安全，对外是国防，对内则表现为公共安全、健康、环境保护，因此强制性条文应维护公共利益，保证工程质量。

基本原则落实到具体的条文中，可以是定量的要求，也可以是定性规定。国外规范最初以定量规定为主，定量规定便于检查监督，但也会带来规定过细，限制新技术发展的弊端，现在国外发展到性能规范，以规定房屋的性能为目标，规定的内容较为原则。我国工程建设强制性条文是从现行标准中摘录出来的，条文规定的内容较为具体详细，这样也便于检查操作，如果太原则，处罚尺度难以掌握。从发展方向来讲，随着我国的法制建设的完善，强制性条文逐步向走技术法规，以性能为主的规定将会越来越多。

2. 本规范强制性条文制订的原则

电梯安装工程强制性条文，除依据上述基本原则外，还应根据电梯安装工程特点制订。电梯是重要的建筑设备，电梯产品以零部件形式出厂，其总装配是在施工现场完成的，因此电梯产品的最终质量不但取决于设计制造，而且还取决于安装调试。电梯安装工程不但有电梯零部件之间的衔接问题，而且有电梯零部件与土建结构之间的衔接问题，与建筑工程的协调工作量很大，是建筑工程的组成部分。

本规范强制性条文是直接涉及电梯安装工程的质量、施工人员或使用人员人身安全及财产安全等方面的内容，这些条文应从众多的主控项目中筛选出来，一旦违反，将对相关人员、国家财产造成严重后果、损失；强制性条文应具有较强的可操作性，使执法者对电梯安装工程施工质量是否违反规定有明确的判定依据，将参与工程建设的土建施工单位、电梯安装施工单位、监理单位、建设单位的质量责任落到实处；强制性条文应采用"必须、严禁"和"应、不应、不得"等用词，不应采用"宜"、"可"等用词；规范条文制定中争议较大，且未完全取得一致的意见的，不得作为强制性条文；根据建设部"强制性条文数量占其规范总条数的5%～10%"的要求，本规范强制性条文数量为9条，条文总数为133条，强制性条文占总条数的6.8%，满足建设部对强制性条文数量的控制要求。

8.2 强制性条文实施指南

8.2.1 [强制性条文实施指南体例]说明

2002年5月18～19日，建设部在成都组织召开了建筑工程施工质量验收系列规范负责人会议，根据此次会议确定的强制性条文实施指南体例要求，GB 50310强制条文实施指南以下内容主要为：各子分部工程强制性条文数量和条款号；黑体字部分为强制条文编号和内容；每条强制条文指南具体内容包括条文的【释义】、达到条文规定的【措施】、如何对条文规定进行【检查】、是否满足条文规定的【判定】四方面内容。【释义】从对人身和财产安全造成的影响、危害程度、后果以及对条文含义、制订的重要性都进行了解释和说明，对条文的内容进行了细化，也指出条文例外情况；【措施】中说明了安装施工要点、要求及注意事项；【检查】提出了检验方法、步骤及使用仪器；【判定】指出了达到条款规定的原则。

8.2.2 [各子分部工程强制性条文数量和条款号]

在 GB 50310 中，对电力驱动的曳引式或强制式电梯、液压电梯及自动扶梯和自动人行道三个子分部安装工程质量验收共规定了 9 条强制性条文。对电力驱动的曳引式或强制式电梯子分部安装工程有 8 条强制性条文；对液压电梯子分部安装工程，由于其质量验收的部分内容与电力驱动的曳引式或强制式电梯安装工程验收的要求相同，因此必须执行 GB 50310 第 4 章的 8 条强制性条文；对自动扶梯和自动人行道子分部安装工程，由于其整机安装检验中电气装置子分项工程验收的部分内容与电力驱动的曳引式或强制式电梯安装工程质量验收的相同，因此必须执行 GB 50310 第 4 章中相应的 1 条强制性条文，再加上土建交接检验中的 1 条强制性条文，有 2 条强制性条文。为了便于理解执行，表 8.2.2 列出了各子分部安装工程的强制性条文的数量和条款号。

表 8.2.2 各子分部安装工程强制性条文数量和条款号

子分部安装工程	强制性条文数量(条)	条款号
电力驱动的曳引式或强制式电梯	8	4.2.3、4.5.2、4.5.4、4.8.1、4.8.2、4.9.1、4.10.1、4.11.3
液压电梯	8	4.2.3、4.5.2、4.5.4、4.8.1、4.8.2、4.9.1、4.10.1、4.11.3
自动扶梯和自动人行道	2	4.10.1、6.2.2

8.2.3[逐条说明]

以下按本章 8.2.1 中的体例，对本规范强制性条文实施逐条进行说明。

＊**4.2.3** 井道必须符合下列规定：

1. 当底坑底面下有人员能到达的空间存在，且对重(或平衡重)上未设有安全钳装置时，对重缓冲器必须能安装在(或平衡重运行区域的下边必须)一直延伸到坚固地面上的实心桩墩上；

【释义】

本款是指底坑底面下有人员能到达的空间存在及对重(或平衡重)上未设有安全钳装置这 2 个条件同时存在时，对底坑土建结构的要求。底坑底面下有人员能到达的空间是指地下室、地下停车库、存储间等任何可以供人员进入的空间。当有人员能达到底坑底面下，无论对重(或平衡重)是否装设有安全钳装置，底坑地面至少应按 5,000N/m² 载荷进行土建结构设计、施工。对曳引式电梯本款主要是考虑电梯发生故障时轿厢上行速度失控或曳引钢丝绳断裂时对重撞击缓冲器，对强制式电梯、液压电梯本款主要是考虑悬挂钢丝绳断裂时平衡重撞击底坑地面，如果对重缓冲器没有安装在(或平衡重运行区域的下边不是)一直延伸到坚固地面上的实心桩墩上，则可能会导致底坑地面塌陷，此时底坑下方若有人员滞留，势必造成人员伤亡。

如果是采用隔墙、隔障等措施使此空间不存在，支撑对重缓冲器的底坑地面应能承受对重撞击缓冲器时所产生的力，以防止底坑地面塌陷，轿厢撞击井道顶，引发安全事故。

【措施】

当对重(或平衡重)上未设有安全钳装置时，如果因为建筑物功能需要(如设有地下停车库、地下室等)，在底坑之下存在人员能够到达的空间，则曳引式电梯的对重缓冲器必须能安装在一直延伸到坚固地面上的实心桩墩上，强制式电梯、液压电梯的平衡重运行区域下边必须一直延伸到坚固地面上的实心桩墩上，且底坑的底面至少应按 5,000N/m² 载荷进行土建结构设计、施工，实心桩墩的结构和材料应能足以承受对重(平衡重)撞击时的所产生的冲击力，支撑实心桩墩的地面也应具有足够的强度，以防在桩墩受到撞击时被压进支撑它的地面导致对重(平衡重)对人员造成伤害。

【检查】

在土建交接检验时，不仅要检查与井道底坑相关部分的建筑物土建施工图、施工记录，而且要到建筑物现场检查底坑下方是否存在能够供人员进入的空间。如果此空间存在，则应核查土建施工图是否要求底坑的底面至少能承受 5,000N/m² 载荷；如果此空间存在且对重(或平衡重)上未设有安全钳装置，则应设有上述的实心桩墩,检查建筑物土建施工图所要求实心桩墩及支撑实心桩墩的地面的强度是否能承受电梯土建布置图所提供的冲击力,还应观察或用线坠、钢卷尺测量实心桩墩位置是否在对重缓冲器(平衡重运行区域)的下边。

检验仪器:观察,线坠,钢卷尺。

【判定】

【检查】中任何一项不满足要求,则该款判定为不合格。土建施工单位必须对不符合规定的部分及时补救,补救的部位应再次重新验收。没有验收合格前电梯安装单位严禁进行施工。

另外,土建施工单位也可以采用以下方法补救:对底坑底面下的空间采取隔墙、隔障等防护措施,使人员不能到达此空间。隔墙、隔障等防护措施应是永久的、不可移动的,应从此空间地面起向上延伸至底坑底面不小于2.5m的高度,如果此空间的高度小于2.5m,则应延伸至底坑底面(即:将此空间封闭)。如采用由建筑材料砌成的隔墙,则应符合《砌体工程施工质量验收规范》GB 50203相应规定;如采用隔障,隔障栏杆的横杆间距应小于380mm(最底部横杆与地面间隙为10—20mm)、立柱间距应小于1000mm,;横杆应采用不小于25mm×4mm扁钢或不小于Φ16mm圆钢;立柱应采用不小于50mm×50mm×4mm角钢或不小于Φ33.5mm钢管,并且采用大于等于1mm厚的钢板自下至上封闭,如果采用网孔型封闭,则应符合GB 12665.1-1997中4.5.1的规定,横杆、立柱、网孔型板、钢板之间宜采用焊接,也可采用螺栓连接,立柱必须与建筑物牢固连接,顶部横杆承受水平方向的垂直载荷不应小于500N/m,另外所有表面应除锈及采用防腐涂装。如果采用此方法补救,则验收时应观察或用线坠、钢卷尺测量隔墙、隔障是否在底坑的下面;隔墙、隔障是否固定;观察或用钢卷尺测量隔障的高度、结构是否满足上述要求;支撑对重缓冲器的底坑地面的强度应满足电梯土建布置图要求。

* **2. 电梯安装之前,所有层门预留孔必须设有高度不小于**

1.2m 的安全保护围封，并应保证有足够的强度；
【释义】
　　本款是为了防止电梯安装前，建筑物内施工人员从层门预留孔无意中跌入井道发生伤亡事故，土建施工中往往容易疏忽在层门预留孔安装安全围封，本款规定正是为了杜绝施工人员在层门预留孔附近施工时的安全隐患。安全保护围封应从层门预留孔底面起向上延伸至不小于 1.2m 的高度，应采用木质及金属材料制作，且应采用可拆除结构，为了防止其他人员将其移走或翻倒，它应与建筑物连结。保护围封的上杆任何处，应能承受向井道内任何方向的 1000N 的力，目的是施工人员意外依靠安全保护围封时，能有效的阻止其坠入井道内。
【措施】
　　为了防止建筑物内施工人员从层门预留孔跌入井道，在井道土建施工过程中，就应安装本款要求的安全保护围封。电梯安装工程施工人员在没有安装该层层门前，不得拆除该层安全保护围封。安全保护围封应采用黄色或装有提醒人们注意的警示性标语。
　　安全保护围封的杆件材料规格及连接、结构、强度要求宜符合《建筑施工高处作业安全技术规范》JGJ80 的第三章的相应规定。
【检查】
　　在土建交接检验时，检查人员应逐层检验安全保护围封；观察或用钢卷尺测量围封的高度应从该层地面起延伸 1.2m 以上，如采用栏杆或网孔型结构，栏杆之间的间隙或网孔应满足上述要求；应不能意外移动围封。安全保护围封的强度，检查人员可试推围封上杆并观察其变形情况，感官判断是否具有足够的强度，应注意做此检查时必须采取防护措施，防止检查人员坠入井道，检查人员也可根据围封与建筑物的连接结构，在地面上用砝码按 JGJ80 的规定做模拟加力试验，上杆强度应满足 JGJ80 要求。观察安全保护围封是否采用黄色或装有提醒人们注意的警示性标语。

　　检验仪器：观察，钢卷尺，砝码。
【判定】

　　任何一层层门预留孔的安全保护围封在【检查】中不满足要求，则该款判定为不合格。土建施工单位必须对不符合规定的部分及时补救，补救的部位应再次重新验收。没有验收合格前电梯安装单位严禁进行施工。在电梯安装工程中，施工人员没有安装该层层门前，不得拆除该层安全保护围封。

　　＊3．**当相邻两层门地坎间的距离大于11m时，其间必须设置井道安全门，井道安全门严禁向井道内开启，且必须装有安全门处于关闭时电梯才能运行的电气安全装置。当相邻轿厢间有相互救援用轿厢安全门时，可不执行本款。**
【释义】

　　井道安全门或轿厢安全门的作用是电梯发生故障轿厢停在两个层站之间时，可通过他们救援被困在轿厢中的乘客。当相邻轿厢间没有设置能够相互援救的轿厢安全门时，只能通过层门或井道安全门来援救乘客，如相邻的两层门地坎间之间的距离大于11米时，不利于救援人员的操作及紧急情况的处理，救援时间的延长会引起轿内乘客恐慌或引发意外事故，因此这种情况下要求设置井道安全门，以保证安全援救。

　　井道安全门和轿厢安全门的高度不应小于1.8m，宽度不应小于0.35m；将300N的力以垂直于安全门表面的方向均匀分布在5cm^{2}的圆形面积(或方形)上，安全门应无永久变形且弹性变形不应大于15mm。井道安全门还应满足如下要求：

　　a)应装设用钥匙开启的锁。当安全门开启后，应不用钥匙就能将其关闭和锁住。即使在锁住的情况下，不用钥匙，应能从井道内部将其打开。只有经过批准的人员(检修、救援人员)才能在井道外用钥匙将安全门开启。

　　b)不应向井道内开启。因为如果安全门的开启方向是朝向井道内，当电梯发生故障利用井道安全门救援时，轿厢停在安全门附近，轿厢部件会阻挡安全门开启，它将形同虚设；向井道内开启时，操作人员开启门时容易造成坠入井道；如果验证安全门关闭状态的电气安全开关发生故障时，向井道内开启，安全门会凸入到电梯的运行空间，与电梯运行部件发生碰撞，造成事故。

c)应装有安全门处于关闭时电梯才能运行的电气安全装置。此电气安全装置应符合 GB 7588 中 14.1.2 的规定，其位置必须是在安全门打开后才能触及到。电梯安装施工人员应将该电气安全装置串联在电梯安全回路中，当安全门处于开启或没有完全关闭时，电梯应不能启动，运动中的电梯应停止运行。目的是为了防止人员在井道安全门附近与电梯运动部件发生挤压、剪切及坠入井道等伤亡事故。

d)安全门设置的位置应有利于安全的援救乘客。在井道外安全门附近不应有影响其开启的障碍物，且从安全门出来应很容易踏到楼面。

【措施】

当相邻轿厢间没有设置能够相互援救的轿厢安全门或为单一电梯时，建筑物土建设计应尽量避免电梯相邻的两层门地坎间之间的距离大于 11m，以避免设置安全门。如果因建筑物功能需要相邻的两层门地坎间之间的距离大于 11m，安全门应优先设置在从它出来很容易踏到楼面的位置上。

【检查】

首先应检查土建施工图和施工记录，并逐一观察、测量相邻的两层门地坎间之间的距离，如大于 11 米且需要设井道安全门时，应检查安全门的尺寸、强度、开启方向、钥匙开启的锁、设置的位置是否满足上述要求。开、关安全门观察上述要求的电气安全装置的位置是否正确、是否可靠地动作，这里的动作只是指电气安全装置自身的闭合与断开(注：若电气安全装置由电梯制造商家提供，此项可在安装完毕后检查，检查前须先将电梯停止)。

检查仪器：观察，线坠，钢卷尺，砝码。

【判定】

【检查】中任何一项不满足要求，则该款判定为不合格。土建施工单位必须对不符合规定的部分及时补救，补救的部位应再次重新验收。

*4.5.2 层门强迫关门装置必须动作正常。

【释义】

层门安装完成后，已开启的层门在开启方向上如没有外力作用，强迫关门装置应能使层门自行关闭，防止人员误坠入井道发生伤亡事故。

层门强迫关门装置是否动作正常，不仅仅取决于层门强迫关门装置自身的安装与调整，层门其他部件(如门头、门导轨、门吊板、门靴、地坎等)的安装施工质量对此装置的正常动作也具有一定的影响，如这些部件发生刮、卡现象，则势必影响其功能实现，因此它的动作是层门系统施工质量的综合体现。

【措施】

强迫关门装置一般有重锤式、弹簧式(卷簧、拉簧或压簧)两种结构形式，应按安装说明书中的要求安装、调整。重锤式应注意调整重锤与其导向装置的相对位置，使重锤在导向装置内(上)能自由滑动，不得有卡住现象；调整悬挂重锤的绳的长度，在层门开关行程范围内，重锤不得脱离导向装置，且不应撞击层门其他部件(如门头组件及重锤行程限位件)；悬挂重锤的绳与门头之间及与重锤之间应可靠连接，除人为拆下外，不得相互脱开；防止断绳后重锤落入井道的装置(行程限位件)的连接应可靠且位置正确。弹簧式应注意调整弹簧位置与长度，使弹簧在伸长(压缩)过程中，不得有卡住现象；在层门开关行程范围内，弹簧不应碰撞层门上的金属部件；弹簧端部固定应牢固，除人为拆下外，不得与连接部位相互脱开。

值得注意的是：强迫关门装置只是层门系统一部分，层门系统其他部件的安装施工质量对其正常动作非常重要，因此在施工中应注意层门系统每个工序的施工质量，以确保达到本条的规定。

【检查】

应检验每层层门的强迫关门装置的动作情况。检查人员将层门打开到1/3行程、1/2行程、全行程处将外力取消,层门均应自行关闭。在门开关过程中,观察重锤式的重锤是否在导向装置内(上)是否撞击层门其他部件(如门头组件及重锤行程限位件);观察弹簧式的弹簧运动时是否有卡住现象、是否碰撞层门上金属部件;观察和利用扳手、螺丝刀等工具检验强迫关门装置连接部位是否牢靠。

检验仪器:观察,用扳手、螺丝刀等工具检验。

【判定】

任何一层在【检查】中任一项不满足要求,则该条判定为不合格。安装单位必须对不符合规定的部分及时调整,不合格的层门强迫关门装置应再次重新验收。

*4.5.4 层门锁钩必须动作灵活,在证实锁紧的电气安全装置动作之前,锁紧元件的最小啮合长度为7mm。

【释义】

层门锁钩动作灵活其一是指除外力作用的情况外,锁钩应能从任何位置回到设计要求的锁紧位置;其二是指轿门门刀带动门锁或用三角钥匙开锁时,锁钩组件应实现开锁动作且在设计要求的运动范围内应没有卡阻现象。证实门锁锁紧的电气安全装置动作前,锁紧元件之间应达到了最小的7mm啮合尺寸(图4.5.4),反之当用门刀或三角钥匙开门锁时,锁紧元件之间脱离啮合之前,电气安全装置应已动作。

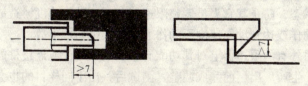

图4.5.4 锁紧元件示例

【措施】

门锁锁钩锁紧元件啮合深度(≥7mm)、门锁滚轮与轿门地坎的间隙(≥5mm)、证实锁紧的电气安全装置动作顺序、轿门门刀与门锁的相互位置、三角钥匙开门组件与门锁运动部件的相互位置的安装、调整应按安装说明书中的要求进行,调整完毕后应及时的安装门锁防护。

【检查】

检验人员站在轿顶或轿内使电梯检修运行,逐层停在容易观察、测量门锁的位置。用手打开门锁钩并将层门扒开后,往打开的方向转动锁钩,观察锁钩回位是否灵活,将扒门的手松开,观察、测量证实锁紧的电气安全装置动作前,锁紧元件是否已达到最小啮合长度7mm;让门刀带动门锁开、关门,观察锁钩动作是否灵活。

检验仪器:观察,用游标卡尺、钢板尺测量。

【判定】

任何一层层门锁钩、锁紧元件在【检查】中任一项不满足要求,则该条判定为不合格。安装单位必须对不符合规定的部分及时调整,不合格的层门锁钩、锁紧元件应重新验收。

＊4.8.1 限速器动作速度整定封记必须完好,且无拆动痕迹。

【释义】

限速器是电梯安全部件,其动作速度应根据电梯额定速度在生产厂出厂前完成调整、测试后,加上封记,安装施工时不允许再进行调整,封记可采用铅封或漆封。本条为了保证限速器出厂整定状态,防止其它人员调整限速器、改变动作速度,造成安全钳误动作或达到动作速度不动作,导致人员伤亡事故。

另外有的限速器上对其功能有影响的紧固件或连接件的调整部位,生产厂出厂前完成调整、测试后,出于同样目的也会加封记,这些封记也应完好。

【措施】

为了防止破坏限速器部件和封记,在现场搬运过程中,应避免与其他硬物相撞；在现场储存阶段，不应将其包装护套打开，也不应露天存放。采用漆封时，漆的颜色宜采用红色，以便警示和寻找。

【检查】

根据限速器型式试验证书及安装说明书，找到限速器上的每个整定封记(可能多处)部位，观察封记是否完好。

检验仪器：观察。

【判定】

在【检查】中任一封记不满足要求，则该条判定为不合格。不符合该条规定的限速器严禁安装，安装单位应及时地与电梯供应商联系再次标定；且应重新验收。

*4.8.2 当安全钳可调节时，整定封记应完好，且无拆动痕迹。

【释义】

本款为了防止其它人员调整安全钳、改变其额定速度、总容许质量，导致其失去应有作用，造成人员伤亡事故。安全钳是电梯安全部件，如是可调节的，其标定有以下两种情况：第一种情况是绝大多数电梯制造商，安全钳额定速度和总容许质量应根据电梯主参数在出厂前完成调整、测试后，加上封记，安装施工时不允许再进行调整，封记可采用铅封或漆封。有的生产厂完成调整、测试后根据安全钳结构特点采用定位销锁定，也是防止安装施工时再进行调整；第二种情况是个别电梯制造商，安全钳额定速度和总容许质量由电梯制造商授权人员根据电梯主参数和调试说明书在安装现场完成调整后，加上封记，此后不允许再进行调整，封记可采用铅封或漆封。

【措施】

【释义】中第一种情况，为了防止破坏安全钳部件和封记，在现场搬运过程中，应避免与其他硬物相撞；在现场储存阶段，不应将其包装护套打开，也不应露天存放；第二种情况，为了安装和调试人员的安全，在限速器、安全钳安装完成后，就应要求电梯制造商授权人员进行标定，同样，为了防止破坏安全钳部件，应避免与其他硬物相撞，在现场储存阶段，不应将其包装护套打开，也不应露天存放。

【检查】

根据安全钳型式试验证书及安装、维护使用说明书，找到安全钳上的每个整定封记(可能多处)部位，观察封记是否完好。如采用定位销定位，用手检查定位销是否牢靠，不能有脱落的可能。

检验仪器：观察。

【判定】

在【检查】中任一封记不满足要求，则该条判定为不合格。如安全钳是【释义】中第一种情况，不符合该条规定的严禁安装，安装单位应及时地与电梯供应商联系再次标定，且应重新验收。如安全钳是【释义】中第二种情况，安装单位应及时地与电梯制造商联系再次标定，且应重新验收。

*4.9.1　绳头组合必须安全可靠，且每个绳头组合必须安装防螺母松动和脱落的装置。

【释义】

电梯悬挂装置通常由端接装置、钢丝绳、张力调节装置组成，绳头组合是指端接装置和钢丝绳端部的组合体。绳头组合必须安全可靠，其一指端接装置自身的结构、强度应满足要求；其二指钢丝绳与端接装置的结合处应至少能承受钢丝绳最小破断载荷的80%，以避免绳头组合断裂，导致重大伤亡事故。由于绳头组合端部的固定通常采用螺纹联结，因此要求必须安装防止螺母松动以及防止螺母脱落的装置，绳头组合的松动或脱落将影响钢丝绳受力均衡，使钢丝绳和曳引轮磨损加剧，严重时同样会导致钢丝绳或绳头组合的断裂，造成严重事故。

【措施】

钢丝绳与绳头组合的连接制作应严格按照安装说明书的工艺要求进行，不得损坏钢丝绳外层钢丝。钢丝绳与其端接装置连接必须采用金属或树脂充填的绳套、自锁紧楔形绳套、至少带有三个合适绳夹的鸡心环套、手工捻接绳环、带绳孔的金属吊杆、环圈(套筒)压紧式绳环或具有同等安全的任何其他装置。

如采用钢丝绳绳夹，应把夹座扣在钢丝绳的工作段上，U形螺栓扣在钢丝绳尾段上；钢丝绳夹间的间距应为6-7倍的钢丝绳直径；离环套最远的绳夹不得首先单独紧固，离环套最近的绳夹应尽可能靠近套环。

绳头组合应固定在轿厢、对重或悬挂部位上。防螺母松动装置通常采用防松螺母，安装时应把防松螺母拧紧在固定螺母上以使其起到防松作用。防螺母脱落装置通常采用开口销，防松螺母安装完成后，就应安装防螺母脱落装置。

【检查】

观察绳头组合上的钢丝绳是否有断丝；如采用钢丝绳绳夹，观察绳夹的使用方法是否正确、绳夹间的间距是否满足安装说明书的要求、绳夹的数量是否够、用力矩扳手检查绳夹的拧紧是否符合安装说明书要求；用手不应拧动防松螺母；观察防螺母脱落装置的安装是否正确，或用手活动此装置，不应从绳头组合中拔出。

检查仪器：观察，力矩扳手。

【判定】

在【检查】中任一绳头组合不满足要求，则该条判定为不合格。不合格的绳头组合，安装单位应采取措施及时地改正、重新制作或更换，且应重新验收。

*4.10.1 **电气设备接地必须符合下列规定：**

1. 所有电气设备及导管、线槽的外露可导电部分均必须可靠接地(PE)；

【释义】

本款是为了保护人身安全和避免损坏设备。所有电气设备是电气装置和由电气设备组成部件的统称，如：控制柜、轿厢接线盒、曳引机、开门机、指示器、操纵盘、风扇、电气安全装置以及有电气安全装置组成的层门、限速器、耗能型缓冲器等，由于使用36V安全电压的电气设备即使漏电也不会造成人身安全事故，因此可以不考虑接地保护。如果电气设备的外壳导电，则应设有易于识别的接地端标志。导管和线槽是防止软线或电缆等电气设备遭受机械损伤而装设的，如果被保护电气设备的外露部分导电，则保护它的导管或线槽的外露部分也导电，因此也必须可靠接地。

如果电气设备的外壳及导管、线槽的外露部分不导电，则其可以不进行保护性接地连接，这些外壳及导管、线槽的材料应是非燃烧材料，且应符合环保要求。

供电线路从进入机房或电梯开关起(注：无机房电梯从进入电梯开关起)，零线(N)与接地线(PE)应始终分开，接地线应为黄绿相间绝缘电线，零线也称为中性线(Neutral Conductor)。通常有以下几种情况：

对 TN-S(三相五线制)供电系统，在整个系统中，中性线与保护性接地线是始终分开的，在正常工作时，接地线上没有电流。如图 4.10.1-1 所示，这种供电线路进入电梯控制系统前中性线与保护性接地线已经分开。

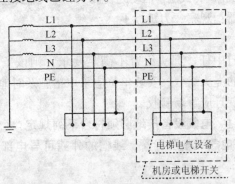

图 4.10.1-1　TN-S(三相五线制)供电系统

对 TN-C-S 供电系统，在整个系统中，有部分中性线与地线是合用的。供电系统变压器的输出端，中性线与保护性接地线合用 PEN，在进入电气设备之前分开。TN-C-S 系统进入机房或电梯开关之前,将中性线与保护性接地线分开,如图 4.10.1-2 所示,为电梯控制系统提供 L1、L2、L3、N、PE。

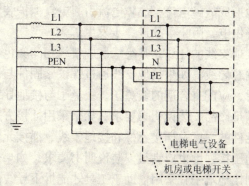

图 4.10.1-2　TN-C-S 供电系统

对 TN-C(三相四线制)供电系统,在整个系统中,中性线与地线是合用的。TN-C 系统提供的是 L1、L2、L3、PEN,如图 4 所示,但进入电梯控制系统前,应将中性线和接地线分开,即供电电源由 TN-C 系统改为 TN-C-S 系统,应提供 L1、L2、L3、N、PE,如图 4.10.1-3 所示。

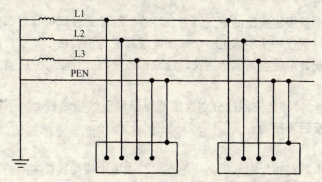

图 4.10.1-3　TN-C(三相四线制)供电系统

【措施】

可采用电气安全保护设备,如过流保护开关或断路器等装置，对电气设备和人员进行安全保护，当电气设备、导管及线槽的外露部分导电且可靠接地时，具有电势的导体与这些部位连接时，会对地形成故障电流，故障电流引起电气保护装置动作，切断电气设备供电，阻止事故进一步发生。

用作接地支线的导线，其绝缘层应黄绿相间颜色，宜采用单股或多股铜芯导线。如果接地支线通过螺纹紧固件与需要接地的部件连接时，应配有合适的线鼻子，线鼻子与接地导线之间的压接强度应满足产品安装说明书要求；如果采用插接方式连接的接地，插接元件的强度及插接元件和接地干线、插接元件和接地导线的连接的压接强度也应满足安装说明书要求；如果采用接地端子连接，则接地端子宜采用借助于工具才能拆下导线的型式。

【检查】

按安装说明书或原理图，观察电气设备及导管、线槽的外露可导电部分是否按安装说明书要求的位置接地。将控制系统断电，用手用适当的力拉接地的连接点，观察是否牢固，观察接地支线是否有断裂或绝缘层破损。

检查仪器：观察。

【判定】

本款规定接地的电气设备及导管、线槽的外露可导电部分在【检查】中任一项不满足要求，则该条判定为不合格。不合格的部位，安装单位应采取措施及时地改正、补救，补救部分应重新验收。

*2. 接地支线应分别直接接至接地干线接线柱上，不得互相连接后再接地。

【释义】

本款对每个电气设备接地支线与接地干线接线柱之间的连接进行了规定，每个接地支线必须直接与接地干线可靠连接，如图4.10.1-4、图4.10.1-5所示。如接地支线之间互相连接后再与接地干线连接，则会造成如下后果：离接地干线接线柱最远端的接地电阻较大，在发生漏电时，较大的接地电阻则不能产生足够的故障电流,可能造成漏电保护开关或断路器等保护装置无法可靠断开,另外如有人员触及,有可能通过人体的电流较大,危及人身安全;如前端某个接地支线因故断线,则造成其后端电气设备(或部件)接地支线与接地干线之间也断开,增大了出现危险事故概率;如前端某个电气设备(或部件)被拆除,则很容易造成其后端电气设备(或部件)接地支线与接地干线之间断开,使其后得不到接地保护。

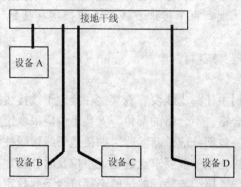

图 4.10.1-4 正确接法示例

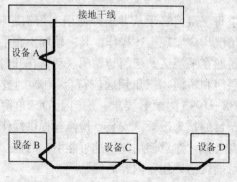

图 4.10.1-5 错误接法示例

【措施】

接地干线接线柱应有明显的标示,且宜采用单、多股铜线

(铝线)或铜排(铝排)。接地支线与其之间的连接应按安装说明书进行。

对金属线槽(导管),可将一列线槽作为整体用一个接地支线与接地干线接线柱连接,但各节线槽(导管)之间必须可靠的直接机械连接。

【检查】

观察接地干线接线柱是否有明显的标示;根据安装说明书和电气原理图,观察每个接地支线是否直接接在接地干线接线柱上。

检查仪器:观察。

【判定】

在【检查】中任一支线没有直接接在接地干线接线柱上,则该条判定为不合格。不合格的部位,安装单位应采取措施及时地改正、补救,补救部分应重新验收。如接地干线接线柱没有明显的标示,应在接地施工前要求土建施工单位及时补救。

*4.11.3 层门与轿门的试验必须符合下列规定:

1. 每层层门必须能够用三角钥匙正常开启;

【释义】

本款要求每层层门必须从井道外使用三角钥匙将层门开启,在以下两种情况均应实现上述操作:其一轿厢不在平层区,开启层门;其二轿厢在平层区,层门与轿门联动,在开门机断电的情况下,开启层门和轿门。三角钥匙应符合《电梯制造与安装安全规范》GB 7588—1995 附录 B 要求,层门上的三角钥匙孔应与其相匹配。本条目的是为援救、安装、检修等提供操作条件。三角钥匙应附带有类似"注意使用此钥匙可能引起的危险,并在层门关闭后应注意确认已锁住"内容的提示牌。

【措施】

层门上和三角钥匙相配的开锁组件与门锁的相对位置应按安装、调试说明书进行。在使用和保管三角钥匙过程中不应损坏提示牌。由于三角钥匙管理不善,造成的伤亡事故占电梯事故的比例较大，因此三角钥匙应由经过批准的人员保管和使用，且安装施工单位应对三角钥匙有明确的管理规定。

【检查】

轿厢在检修状态，逐一检查每一层站。轿厢停在某一层站开锁区内，断开开门机电源，检验人员在井道外用三角钥匙开锁，感觉锁钩是否有卡住及是否有三角钥匙与层门上开锁组件不匹配的现象，应能将层门、轿门扒开，检查完毕人为将层门关闭，确认该层层门不能再用手扒开后，进行下一层站的检验。检查三角钥匙附带的提示牌上内容是否完整、是否被损坏。

检验仪器：观察，相匹配的三角钥匙。

【判定】

任一层门在【检查】中不符合要求，以及三角钥匙提示牌的内容不完整、被损坏，该条判定为不合格。不合格的部位，安装单位应采取措施及时地改正、补救，补救部分应重新验收。

＊2．当一个层门或轿门(在多扇门中任何一扇门)非正常打开时，电梯严禁启动或继续运行。

【释义】

门区是电梯事故发生概率比较高的部位，本款是防止轿厢开门运行时剪切人员或轿厢驶离开锁区域时人员坠入井道发生伤亡事故。层门或轿门正常打开是指以下两种情况：其一轿厢在相应楼层的开锁区域内，开门进行平层和再平层；其二满足 GB 7588 中 7.7.2.2b)要求的装卸货物操作。除以上两种正常打开的情况外，在正常操作情况下，如层门或轿门(在多扇门中任何一扇门)非正常打开时，应不能启动电梯或保持电梯继续运行。

【措施】

用来验证门的锁闭状态、闭合状态的电气安全装置及验证门扇闭合状态的电气安全装置的位置应严格按照安装、调试说明书进行。

对常用的机械连接的多扇滑动层门，当门扇是直接由机械连接时，可只锁紧其中一门扇，但此门扇应能防止其他门扇的打开，且将验证层门闭合的装置装在一个门扇上；当门扇是由间接机械连接时(如用绳、链条、或带)，可只锁住一门扇，但此单一锁住应能防止其他门扇的打开，且这些门扇上均未装配手柄，未被锁紧装置锁住的其他门扇的闭合位置应装设电气安全装置来证实。

  对常用的机械连接的多扇滑动轿门，当门扇是直接由机械连接时，验证轿门闭合的电气安全装置应装设在一个门扇上(对重叠门应为快门)，如门的驱动元件与门扇是直接连接时，也可以装在驱动元件上，另外对 GB 7588 中 5.4.3.2.2 规定的情况下，可只锁住一个门扇，但应满足虽单一锁住该门扇也能防止其他门扇打开。当门扇是由间接机械连接时(如用绳、链条、或带)，验证轿门闭合的电气安全装置不应装设在被驱动门扇上，且装设验证轿门闭合的电气安全装置的门扇与被该门扇驱动的门扇应是直接机械连接的。

【检查】

  在检修运行情况下，逐层用三角钥匙开门，观察电梯是否停止运行和不能再启动；

  对门扇间直接机械连接多扇滑动层门，将轿厢停在便于观察直接机械连接装置的位置上，用螺丝刀、扳手检查直接机械连接是否牢固可靠及安装位置是否满足产品要求；对门扇间间接机械连接的多扇滑动层门，将轿厢停在便于观察验证层门门扇闭合状态的电气安全装置的位置上，打开层门，观察此装置是否动作，人为的断开此装置，电梯应不能启动；

  对门扇间机械连接多扇滑动轿门，将轿厢停在两层站之间，观察验证轿门闭合的电气安全装置的安装位置是否正确，打开轿门，观察此装置是否动作，人为地断开此装置，电梯应不能启动。如被驱动门扇与门的驱动元件是直接连接的，应利用螺丝刀、扳手检查两者之间的连接装置安装是否牢固可靠。对门扇间直接机械连接多扇滑动轿门，如需要锁住，应检查未锁住门扇的安装位置是否满足安装说明书要求及连接是否牢固可靠。

检验仪器：观察，力矩扳手，螺丝刀。

【判定】

轿门或任一层门在【检查】中不符合要求，该条判定为不合格。不合格的部位，安装单位应采取措施及时地改正、补救，补救部分应重新验收。

＊6.2.2　在安装之前，井道周围必须设有保证安全的栏杆或屏障，其高度严禁小于 1.2m。

【释义】

为了防止自动扶梯、自动人行道安装前，建筑物内施工人员无意中跌入自动扶梯、自动人行道井道发生伤亡事故，土建施工中往往容易疏忽在井道周围安装安全栏杆或屏障，本条规定正是为了杜绝施工人员在井道附近施工时的安全隐患。安全栏杆或屏障应从楼层底面起不大于 0.15m 的高度向上延伸至不小于 1.2m 的高度，应采用可拆除结构，但应与建筑物联结，目的是防止其他人员将其移走或翻倒。

【措施】

为了防止建筑物内施工人员跌入井道，在井道土建施工过程中，就应安装本条要求的栏杆或屏障。电梯安装工程施工人员在没有安装该楼层层门前，不得拆除该层安全栏杆或屏障。栏杆或屏障应采用黄色或装有提醒人们注意的警示性标语。

安全保护围封的杆件材料规格及连接、结构宜符合《建筑施工高处作业安全技术规范》JGJ80 的第三章的相应规定。

【检查】

在土建交接检验时，检验人员应逐层检查井道周围的安全栏杆或屏障；用钢卷尺测量其高度是否从该层地面不大于 0.15m 延伸至 1.2m 以上；不应意外移动安全栏杆或屏障；观察是否采用了黄色或装有提醒人们注意的警示性标语。

检验仪器：观察，钢卷尺。

【判定】

【检查】中的任何一项不满足要求，则该条判定为不合格。土建施工单位必须对不符合规定的部分及时补救，补救的部位应再次重新验收。没有验收合格前电梯安装单位严禁进行施工。

电梯工程强制性条文检查记录

受检地区：　　　　　　　　　　　　时间：　年　月　日

工程名称			结构类型	
建设单位			受检部位	
施工单位			负责人	
项目经理		技术负责人	开工日期	

《电梯工程施工质量验收规范》GB 50310—2002

条　号	项　目	检查内容	判　定			
4.2.3	底坑底面下、层门预留孔、井道安全门	1. 底坑底面强度；实心桩墩位置；实心桩墩及支撑其地面的强度。如采用防护措施使人员不能进入此空间，则检查底坑底面强度和为此设置的隔墙、隔障。 2. 逐层检查：安全保护围封结构及强度；警示性标识。 3. 井道安全门(如果有)的尺寸、强度、开启方向、钥匙开启的锁、设置的位置及电气安全装置。	A	B	C	D
4.5.2	强迫关门装置	逐层检查：自行关闭；连接部位；重锤或弹簧不应有撞击、卡住现象；重锤应在导向装置内(上)；防止断绳后重锤落入井道的装置。	A	B	C	D
4.5.4	锁紧元件	逐层检查：锁钩回位应灵活；在证实锁紧的电气安全装置动作之前，锁紧元件的最小啮合长度；门刀带动门锁开、关门，锁钩动作应灵活。	A	B	C	D

续表

工程名称			结构类型	
建设单位			受检部位	
施工单位			负责人	
项目经理		技术负责人	开工日期	

《电梯工程施工质量验收规范》GB 50310—2002

条号	项目	检查内容	判定			
4.8.1	限速器动作速度整定封记	每个整定封记(可能多处)。	A	B	C	D
4.8.2	可调节的安全钳整定封记	每个整定封记(可能多处);如采用定位销定位,定位销的安装。	A	B	C	D
4.9.1	绳头组合	绳头组合处钢丝绳是否有断丝;如采用钢丝绳绳夹,检查绳夹的使用方法、型号、间距、数量及拧紧;防螺母松动装置的安装;防螺母脱落装置的安装。	A	B	C	D
4.10.1	电气设备接地	1. 电气设备及导管、线槽的外露可导电部分的接地位置;接地连接应牢固;接地支线的选用是否正确及其是否有断裂或绝缘层破损。 2. 接地干线接线柱标示;接地支线应直接接在接地干线接线柱上。	A	B	C	D
4.11.3	层门与轿门的试验	1. 在每层站开锁区内,断开开门机电源,用三角钥匙开层门、轿门;三角钥匙附带的提示牌。 2. 电梯检修运行,逐层用三角钥匙开门,电梯应停止运行和不能再启动;检查驱动元件与门扇及门扇间的机械连接部件的安装;验证门扇闭合状态的电气安全装置的安装。	A	B	C	D
6.2.2	自动扶梯、自动人行道井道周围	逐层检验:安全保护围封结构及强度;警示性标识。	A	B	C	D

"判定"填写说明:
1. A表示符合强制性标准;
   B表示可能违反强制性标准,经检测单位检测,设计单位核定后,再判定;
   C表示违反强制性标准;
   D表示严重违反强制性标准。
2. 由多项内容组成为一条的强制性条文,取最低级判定为条的判定。

9 附录 A~E 验收记录表

本规范根据《统一标准》的要求编制了附录 A~E 分项工程、子分部工程、分部工程验收记录表，它们是资料性附录，电梯安装单位、监理单位可根据附录 A~E 适当增加内容和改变表格形式，编制更具体的、适合本单位管理体系的验收记录表格，以便更好地落实质量责任。

随着电梯安装工程的进行，电梯安装单位按本规范规定对分项工程的主控项目、一般项目逐项检查并填好验收记录表格，再由监理单位验收确认。如果工程没有监理单位，则由建设单位专业技术负责人验收确认。

附录 A~E 填写说明：

1. 表头部分

1.1 附录 A~E 验收记录表中"工程名称"是指单位(子单位)工程名称，按合同文件上的单位工程名称填写，子单位标出该部分的位置。

1.2 附录 A 土建交接检验验收记录表中"施工单位"是指井道和机房的土建施工单位；

1.3 验收记录表中"安装单位"、"监理单位"、"施工单位"、"电梯供应商"的名称应与合同公章上的名称一致；项目负责人、监理工程师由填表人填写，不要求本人签字。

1.4 附录 A~C 验收记录表中"执行标准名称及编号"填写企业标准、安装工艺(安装手册或安装说明书)、调试说明等安装企业的操作依据。

2. 附录 A~C 验收记录表的"检验项目"栏

2.1 "检验项目"栏填写本规范具体的质量要求，制表时就已填写(印)好本规范的主控项目、一般项目的内容或条文号。

由于表格的地方小，多数指标不能将全部内容填下，所以可只将质量指标归纳、简化描述及条文号填上，作为检查内容的提示。

2.2 由于本规范的总则、基本规定、分部(子分部)工程质量验收等内容无法填写到表格中，虽然这些内容不是主控项目、一般项目的条文，但它们也是验收主控项目、一般项目的依据和基础，因此为了避免造成只看表格验收，不依据验收规范的后果，不宜将本规范的质量指标(主控项目、一般项目)的内容全部抄下来。

3. 附录 A~C 验收记录表的"检验结果"栏

3.1 对定量项目直接填写检查的数据值，符合本规范的填写在"合格"列中，否则，填写在"不合格"列中。

3.2 对定性项目，当符合本规范时，可采用"√"符号在"合格"列中标注；否则，可采用"×"符号在"不合格"列中标注。

3.3 对既有定量又有定性项目，各个子项目均符合本规范时，可采用"√"符号在"合格"列中标注；否则，可采用"×"符号在"不合格"列中标注。

4. 验收结论

4.1 通常监理工程师应进行平行、旁站或巡回的方法进行监理，在安装施工过程中，对施工质量进行察看和测量，并参与安装单位的重要项目的检测。在分项工程验收过程时，对主控项目、一般项目逐项验收(注：一般项目可抽验)，对于符合规范规定的分项工程、子分部工程、分部工程，验收结论中填写"同意验收"。

4.2 安装施工单位自行检查评定合格后，注明"合格"。

4.3 验收结论应由监理工程师、总监理工程师、项目负责人本人签字。

附录一：

中华人民共和国国家标准

电梯工程施工质量验收规范

Code for acceptance of installation quality
of lifts, escalators and passenger conveyors

GB 50310—2002

主编部门：中华人民共和国建设部
批准部门：中华人民共和国建设部
施行日期：２００２年６月１日

关于发布国家标准《电梯工程施工质量验收规范》的通知

建标〔2002〕80号

根据我部"关于印发《二〇〇〇至二〇〇一年度工程建设国家标准制定、修订计划》的通知"（建标〔2002〕87号）的要求，由建设部会同有关部门共同修订的《电梯工程施工质量验收规范》，经有关部门会审，批准为国家标准，编号为GB 50310—2002，自2002年6月1日起施行。其中，4.2.3、4.5.2、4.5.4、4.8.1、4.8.2、4.9.1、4.10.1、4.11.3、6.2.2为强制性条文，必须严格执行。原《电梯安装工程质量检验评定标准》GBJ 310—88、《电气装置安装工程 电梯电气装置施工及验收规范》GB 50182—93同时废止。

本规范由建设部负责管理和对强制性条文的解释。中国建筑科学研究院建筑机械化研究分院负责具体技术内容的解释。建设部标准定额研究所组织中国建筑工业出版社出版发行。

中华人民共和国建设部
二〇〇二年四月一日

前　言

根据我部"关于印发《二〇〇〇至二〇〇一年度工程建设国家标准制定、修订计划》的通知"（建标［2001］87号）的要求，由中国建筑科学研究院建筑机械化研究分院会同有关单位共同对《电梯安装工程质量检验评定标准》GBJ 310—88修订而成的。

本规范在编制过程中，编写组进行了广泛的调查研究，认真总结了我国电梯安装工程质量验收的实践经验，同时参考了EN 81—1：1998《电梯制造与安装安全规范》及EN 81—2：1998《液压电梯制造与安装安全规范》，并广泛征求了有关单位的意见，由建设部组织审查。

本规范以建设部提出的"验评分离、强化验收、完善手段、过程控制"为指导方针；以《建筑工程施工质量验收统一标准》为准则；把电梯安装工程规范的质量检验和质量评定、质量验收和施工工艺的内容分开，将可采纳的检验和验收内容修订成本规范相应条款；强化电梯安装工程质量验收要求，明确验收检验项目，尤其是把涉及到电梯安装工程的质量、安全及环境保护等方面的内容，作为主控项目要求；完善设备进场验收、土建交接检验、分项工程检验及整机检测项目，充分反映电梯安装工程质量验收的条件和内容，进一步提高各条款的科学性、可操作性，减少人为因素的干扰和观感评价的影响；施工过程中电梯安装单位内部应对分项工程逐一进行自检，上一道工序没有验收合格就不能进行下一道工序施工；在确保电梯安装工程质量的前提下，考虑电梯安装工艺及电梯产品的技术进步，以使本规范能更好地反映电梯安装工程的质量。

进入建筑工程现场的电梯产品应符合国家标准GB 7588、GB 10060、GB 16899的规定。

本规范将来可能需要进行局部修订，有关局部修订的信息和条文内容将刊登在《工程建设标准化》杂志上。

本规范以黑体字标志的条文为强制性条文，必须严格执行。

为了提高规范质量，请各单位在执行本规范过程中，注意总结经验，积累资料，随时将有关的意见和建议反馈给中国建筑科学研究院建筑机械化研究分院（河北省廊坊市金光道61号，邮政编码：065000.E-mail：fwcgb@heinfo.net），以供今后修订时参考。

主编单位：中国建筑科学研究院建筑机械化研究分院

参编单位：国家电梯质量监督检验中心
中国迅达电梯有限公司
天津奥的斯电梯有限公司
上海三菱电梯有限公司
广州日立电梯有限公司
沈阳东芝电梯有限公司
苏州江南电梯有限公司
华升富士达电梯有限公司
大连星玛电梯有限公司

主要起草人：陈凤旺　严　涛　江　琦　陈化平
陆棕桦　王兴琪　曾健智　陈秋丰
魏山虎　陈路阳　王启文

目　次

1 总则 …………………………………………………… 193
2 术语 …………………………………………………… 194
3 基本规定 ……………………………………………… 195
4 电力驱动的曳引式或强制式电梯安装工程质量验收 …… 196
　4.1 设备进场验收 ……………………………………… 196
　4.2 土建交接检验 ……………………………………… 196
　4.3 驱动主机 …………………………………………… 199
　4.4 导轨 ………………………………………………… 200
　4.5 门系统 ……………………………………………… 201
　4.6 轿厢 ………………………………………………… 201
　4.7 对重(平衡重) ……………………………………… 202
　4.8 安全部件 …………………………………………… 202
　4.9 悬挂装置、随行电缆、补偿装置 ………………… 203
　4.10 电气装置 ………………………………………… 203
　4.11 整机安装验收 …………………………………… 204
5 液压电梯安装工程质量验收 ………………………… 208
　5.1 设备进场验收 ……………………………………… 208
　5.2 土建交接检验 ……………………………………… 208
　5.3 液压系统 …………………………………………… 208
　5.4 导轨 ………………………………………………… 209
　5.5 门系统 ……………………………………………… 209
　5.6 轿厢 ………………………………………………… 209
　5.7 平衡重 ……………………………………………… 209
　5.8 安全部件 …………………………………………… 209
　5.9 悬挂装置、随行电缆 ……………………………… 209
　5.10 电气装置 ………………………………………… 210

  5.11　整机安装验收 ································· 210
6　自动扶梯、自动人行道安装工程质量验收 ················· 214
  6.1　设备进场验收 ··································· 214
  6.2　土建交接检验 ··································· 214
  6.3　整机安装验收 ··································· 215
7　分部(子分部)工程质量验收 ···························· 219
附录A　土建交接检验记录表 ······························ 220
附录B　设备进场验收记录表 ······························ 221
附录C　分项工程质量验收记录表 ·························· 222
附录D　子分部工程质量验收记录表 ························ 223
附录E　分部工程质量验收记录表 ·························· 224
本规范用词说明 ··· 225
条文说明 ··· 226

1 总　　则

1.0.1　为了加强建筑工程质量管理，统一电梯安装工程施工质量的验收，保证工程质量，制订本规范。

1.0.2　本规范适用于电力驱动的曳引式或强制式电梯、液压电梯、自动扶梯和自动人行道安装工程质量的验收；本规范不适用于杂物电梯安装工程质量的验收。

1.0.3　本规范应与国家标准《建筑工程施工质量验收统一标准》GB 50300—2001 配套使用。

1.0.4　本规范是对电梯安装工程质量的最低要求，所规定的项目都必须达到合格。

1.0.5　电梯安装工程质量验收除应执行本规范外，尚应符合现行有关国家标准的规定。

2 术　　语

2.0.1 电梯安装工程　installation of lifts, escalators and passenger conveyors

电梯生产单位出厂后的产品，在施工现场装配成整机至交付使用的过程。

注：本规范中的"电梯"是指电力驱动的曳引式或强制式电梯、液压电梯、自动扶梯和自动人行道。

2.0.2 电梯安装工程质量验收　acceptance of installation quality of lifts, escalators and passenger coveyors

电梯安装的各项工程在履行质量检验的基础上，由监理单位（或建设单位）、土建施工单位、安装单位等几方共同对安装工程的质量控制资料、隐蔽工程和施工检查记录等档案材料进行审查，对安装工程进行普查和整机运行考核，并对主控项目全验和一般项目抽验，根据本规范以书面形式对电梯安装工程质量的检验结果作出确认。

2.0.3 土建交接检验　handing over inspection of machine rooms and wells

电梯安装前，应由监理单位（或建设单位）、土建施工单位、安装单位共同对电梯井道和机房（如果有）按本规范的要求进行检查，对电梯安装条件作出确认。

3 基本规定

3.0.1 安装单位施工现场的质量管理应符合下列规定：
 1 具有完善的验收标准、安装工艺及施工操作规程。
 2 具有健全的安装过程控制制度。

3.0.2 电梯安装工程施工质量控制应符合下列规定：
 1 电梯安装前应按本规范进行土建交接检验，可按附录A表A记录。
 2 电梯安装前应按本规范进行电梯设备进场验收，可按附录B表B记录。
 3 电梯安装的各分项工程应按企业标准进行质量控制，每个分项工程应有自检记录。

3.0.3 电梯安装工程质量验收应符合下列规定：
 1 参加安装工程施工和质量验收人员应具备相应的资格。
 2 承担有关安全性能检测的单位，必须具有相应资质。仪器设备应满足精度要求，并应在检定有效期内。
 3 分项工程质量验收均应在电梯安装单位自检合格的基础上进行。
 4 分项工程质量应分别按主控项目和一般项目检查验收。
 5 隐蔽工程应在电梯安装单位检查合格后，于隐蔽前通知有关单位检查验收，并形成验收文件。

4 电力驱动的曳引式或强制式电梯安装工程质量验收

4.1 设备进场验收

主 控 项 目

4.1.1 随机文件必须包括下列资料：
   1 土建布置图；
   2 产品出厂合格证；
   3 门锁装置、限速器、安全钳及缓冲器的型式试验证书复印件。

一 般 项 目

4.1.2 随机文件还应包括下列资料：
   1 装箱单；
   2 安装、使用维护说明书；
   3 动力电路和安全电路的电气原理图。
4.1.3 设备零部件应与装箱单内容相符。
4.1.4 设备外观不应存在明显的损坏。

4.2 土建交接检验

主 控 项 目

4.2.1 机房（如果有）内部、井道土建（钢架）结构及布置必须符合电梯土建布置图的要求。
4.2.2 主电源开关必须符合下列规定：
   1 主电源开关应能够切断电梯正常使用情况下最大电流；

2 对有机房电梯该开关应能从机房入口处方便地接近;

3 对无机房电梯该开关应设置在井道外工作人员方便接近的地方,且应具有必要的安全防护。

4.2.3 井道必须符合下列规定:

1 当底坑底面下有人员能到达的空间存在,且对重(或平衡重)上未设有安全钳装置时,对重缓冲器必须能安装在(或平衡重运行区域的下边必须)一直延伸到坚固地面上的实心桩墩上;

2 电梯安装之前,所有层门预留孔必须设有高度不小于1.2m 的安全保护围封,并应保证有足够的强度;

3 当相邻两层门地坎间的距离大于 11m 时,其间必须设置井道安全门,井道安全门严禁向井道内开启,且必须装有安全门处于关闭时电梯才能运行的电气安全装置。当相邻轿厢间有相互救援用轿厢安全门时,可不执行本款。

一 般 项 目

4.2.4 机房(如果有)还应符合下列规定:

1 机房内应设有固定的电气照明,地板表面上的照度不应小于200lx。机房内应设置一个或多个电源插座。在机房内靠近入口的适当高度处应设有一个开关或类似装置控制机房照明电源。

2 机房内应通风,从建筑物其他部分抽出的陈腐空气,不得排入机房内。

3 应根据产品供应商的要求,提供设备进场所需要的通道和搬运空间。

4 电梯工作人员应能方便地进入机房或滑轮间,而不需要临时借助于其他辅助设施。

5 机房应采用经久耐用且不易产生灰尘的材料建造,机房内的地板应采用防滑材料。

注:此项可在电梯安装后验收。

6 在一个机房内,当有两个以上不同平面的工作平台,且相邻平台高度差大于0.5m时,应设置楼梯或台阶,并应设置高度不小于0.9m的安全防护栏杆。当机房地面有深度大于0.5m的凹坑或槽坑时,均应盖住。供人员活动空间和工作台面以上的净高度不应小于1.8m。

7 供人员进出的检修活板门应有不小于0.8m×0.8m的净通道,开门到位后应能自行保持在开启位置。检修活板门关闭后应能支撑两个人的重量(每个人按在门的任意0.2m×0.2m面积上作用1000N的力计算),不得有永久性变形。

8 门或检修活板门应装有带钥匙的锁,它应从机房内不用钥匙打开。只供运送器材的活板门,可只在机房内部锁住。

9 电源零线和接地线应分开。机房内接地装置的接地电阻值不应大于4Ω。

10 机房应有良好的防渗、防漏水保护。

4.2.5 井道还应符合下列规定:

1 井道尺寸是指垂直于电梯设计运行方向的井道截面沿电梯设计运行方向投影所测定的井道最小净空尺寸,该尺寸应和土建布置图所要求的一致,允许偏差应符合下列规定:

1) 当电梯行程高度小于等于30m时为0~+25mm;
2) 当电梯行程高度大于30m且小于等于60m时为0~+35mm;
3) 当电梯行程高度大于60m且小于等于90m时为0~+50mm;
4) 当电梯行程高度大于90m时,允许偏差应符合土建布置图要求。

2 全封闭或部分封闭的井道,井道的隔离保护、井道壁、底坑底面和顶板应具有安装电梯部件所需要的足够强度,应采用非燃烧材料建造,且应不易产生灰尘。

3 当底坑深度大于2.5m且建筑物布置允许时,应设置一个符合安全门要求的底坑进口;当没有进入底坑的其他通道时,应设置一个从层门进入底坑的永久性装置，且此装置不得凸入电梯运行空间。

4 井道应为电梯专用，井道内不得装设与电梯无关的设备、电缆等。井道可装设采暖设备，但不得采用蒸汽和水作为热源，且采暖设备的控制与调节装置应装在井道外面。

5 井道内应设置永久性电气照明，井道内照度应不得小于50lx，井道最高点和最低点 0.5m 以内应各装一盏灯，再设中间灯，并分别在机房和底坑设置一控制开关。

6 装有多台电梯的井道内各电梯的底坑之间应设置最低点离底坑地面不大于 0.3m，且至少延伸到最低层站楼面以上 2.5m 高度的隔障，在隔障宽度方向上隔障与井道壁之间的间隙不应大于 150mm。

当轿顶边缘和相邻电梯运动部件（轿厢、对重或平衡重）之间的水平距离小于 0.5m 时，隔障应延长贯穿整个井道的高度。隔障的宽度不得小于被保护的运动部件（或其部分）的宽度每边再各加 0.1m。

7 底坑内应有良好的防渗、防漏水保护，底坑内不得有积水。

8 每层楼面应有水平面基准标识。

4.3 驱动主机

主控项目

4.3.1 紧急操作装置动作必须正常。可拆卸的装置必须置于驱动主机附近易接近处，紧急救援操作说明必须贴于紧急操作时易见处。

一般项目

4.3.2 当驱动主机承重梁需埋入承重墙时，埋入端长度应超过墙厚中心至少 20mm，且支承长度不应小于 75mm。

4.3.3 制动器动作应灵活,制动间隙调整应符合产品设计要求。

4.3.4 驱动主机、驱动主机底座与承重梁的安装应符合产品设计要求。

4.3.5 驱动主机减速箱(如果有)内油量应在油标所限定的范围内。

4.3.6 机房内钢丝绳与楼板孔洞边间隙应为20～40mm,通向井道的孔洞四周应设置高度不小于50mm的台缘。

4.4 导　　轨

主控项目

4.4.1 导轨安装位置必须符合土建布置图要求。

一般项目

4.4.2 两列导轨顶面间的距离偏差应为:轿厢导轨 0～+2mm;对重导轨 0～+3mm。

4.4.3 导轨支架在井道壁上的安装应固定可靠。预埋件应符合土建布置图要求。锚栓(如膨胀螺栓等)固定应在井道壁的混凝土构件上使用,其连接强度与承受振动的能力应满足电梯产品设计要求,混凝土构件的压缩强度应符合土建布置图要求。

4.4.4 每列导轨工作面(包括侧面与顶面)与安装基准线每5m的偏差均不应大于下列数值:

轿厢导轨和设有安全钳的对重(平衡重)导轨为0.6mm;不设安全钳的对重(平衡重)导轨为1.0mm。

4.4.5 轿厢导轨和设有安全钳的对重(平衡重)导轨工作面接头处不应有连续缝隙,导轨接头处台阶不应大于0.05mm。如超过应修平,修平长度应大于150mm。

4.4.6 不设安全钳的对重(平衡重)导轨接头处缝隙不应大于1.0mm,导轨工作面接头处台阶不应大于0.15mm。

4.5 门 系 统

主控项目

4.5.1 层门地坎至轿厢地坎之间的水平距离偏差为 0～+3mm，巨最大距离严禁超过 35mm。

4.5.2 层门强迫关门装置必须动作正常。

4.5.3 动力操纵的水平滑动门在关门开始的 1/3 行程之后，阻止关门的力严禁超过 150N。

4.5.4 层门锁钩必须动作灵活，在证实锁紧的电气安全装置动作之前，锁紧元件的最小啮合长度为 7mm。

一般项目

4.5.5 门刀与层门地坎、门锁滚轮与轿厢地坎间隙不应小于 5mm。

4.5.6 层门地坎水平度不得大于 2/1000，地坎应高出装修地面 2～5mm。

4.5.7 层门指示灯盒、召唤盒和消防开关盒应安装正确，其面板与墙面贴实，横竖端正。

4.5.8 门扇与门扇、门扇与门套、门扇与门楣、门扇与门口处轿壁、门扇下端与地坎的间隙，乘客电梯不应大于 6mm，载货电梯不应大于 8mm。

4.6 轿 厢

主控项目

4.6.1 当距轿底面在 1.1m 以下使用玻璃轿壁时，必须在距轿底面 0.9～1.1m 的高度安装扶手，且扶手必须独立地固定，不得与玻璃有关。

一 般 项 目

4.6.2 当桥厢有反绳轮时,反绳轮应设置防护装置和挡绳装置。

4.6.3 当轿顶外侧边缘至井道壁水平方向的自由距离大于0.3m时,轿顶应装设防护栏及警示性标识。

4.7 对重(平衡重)

一 般 项 目

4.7.1 当对重(平衡重)架有反绳轮,反绳轮应设置防护装置和挡绳装置。

4.7.2 对重(平衡重)块应可靠固定。

4.8 安 全 部 件

主 控 项 目

4.8.1 限速器动作速度整定封记必须完好,且无拆动痕迹。

4.8.2 当安全钳可调节时,整定封记应完好,且无拆动痕迹。

一 般 项 目

4.8.3 限速器张紧装置与其限位开关相对位置安装应正确。

4.8.4 安全钳与导轨的间隙应符合产品设计要求。

4.8.5 轿厢在两端站平层位置时,轿厢、对重的缓冲器撞板与缓冲器顶面间的距离应符合土建布置图要求。轿厢、对重的缓冲器撞板中心与缓冲器中心的偏差不应大于20mm。

4.8.6 液压缓冲器柱塞铅垂度不应大于0.5%,充液量应正确。

4.9 悬挂装置、随行电缆、补偿装置

主 控 项 目

4.9.1 绳头组合必须安全可靠,且每个绳头组合必须安装防螺母松动和脱落的装置。

4.9.2 钢丝绳严禁有死弯。

4.9.3 当轿厢悬挂在两根钢丝绳或链条上,且其中一根钢丝绳或链条发生异常相对伸长时,为此装设的电气安全开关应动作可靠。

4.9.4 随行电缆严禁有打结和波浪扭曲现象。

一 般 项 目

4.9.5 每根钢丝绳张力与平均值偏差不应大于5%。

4.9.6 随行电缆的安装应符合下列规定:

 1 随行电缆端部应固定可靠。

 2 随行电缆在运行中应避免与井道内其他部件干涉。当轿厢完全压在缓冲器上时,随行电缆不得与底坑地面接触。

4.9.7 补偿绳、链、缆等补偿装置的端部应固定可靠。

4.9.8 对补偿绳的张紧轮,验证补偿绳张紧的电气安全开关应动作可靠。张紧轮应安装防护装置。

4.10 电气装置

主 控 项 目

4.10.1 电气设备接地必须符合下列规定:

 1 所有电气设备及导管、线槽的外露可导电部分均必须可靠接地(PE);

 2 接地支线应分别直接接至接地干线接线柱上,不得互相连接后再接地。

4.10.2 导体之间和导体对地之间的绝缘电阻必须大于 $1000\Omega/V$,且其值不得小于:
  1 动力电路和电气安全装置电路:$0.5M\Omega$;
  2 其他电路(控制、照明、信号等):$0.25M\Omega$。

一 般 项 目

4.10.3 主电源开关不应切断下列供电电路:
  1 轿厢照明和通风;
  2 机房和滑轮间照明;
  3 机房、轿顶和底坑的电源插座;
  4 井道照明;
  5 报警装置。

4.10.4 机房和井道内应按产品要求配线。软线和无护套电缆应在导管、线槽或能确保起到等效防护作用的装置中使用。护套电缆和橡套软电缆可明敷于井道或机房内使用,但不得明敷于地面。

4.10.5 导管、线槽的敷设应整齐牢固。线槽内导线总面积不应大于线槽净面积60%;导管内导线总面积不应大于导管内净面积40%;软管固定间距不应大于1m,端头固定间距不应大于0.1m。

4.10.6 接地支线应采用黄绿相间的绝缘导线。

4.10.7 控制柜(屏)的安装位置应符合电梯土建布置图中的要求。

4.11 整机安装验收

主 控 项 目

4.11.1 安全保护验收必须符合下列规定:
  1 必须检查以下安全装置或功能:
   1)断相、错相保护装置或功能

当控制柜三相电源中任何一相断开或任何二相错接时,断相、错相保护装置或功能应使电梯不发生危险故障。

注:当错相不影响电梯正常运行时可没有错相保护装置或功能。

2) 短路、过载保护装置

动力电路、控制电路、安全电路必须有与负载匹配的短路保护装置;动力电路必须有过载保护装置。

3) 限速器

限速器上的轿厢(对重、平衡重)下行标志必须与轿厢(对重、平衡重)的实际下行方向相符。限速器铭牌上的额定速度、动作速度必须与被检电梯相符。

4) 安全钳

安全钳必须与其型式试验证书相符。

5) 缓冲器

缓冲器必须与其型式试验证书相符。

6) 门锁装置

门锁装置必须与其型式试验证书相符。

7) 上、下极限开关

上、下极限开关必须是安全触点,在端站位置进行动作试验时必须动作正常。在轿厢或对重(如果有)接触缓冲器之前必须动作,且缓冲器完全压缩时,保持动作状态。

8) 轿顶、机房(如果有)、滑轮间(如果有)、底坑停止装置

位于轿顶、机房(如果有)、滑轮间(如果有)、底坑的停止装置的动作必须正常。

2 下列安全开关,必须动作可靠:

1) 限速器绳张紧开关;
2) 液压缓冲器复位开关;
3) 有补偿张紧轮时,补偿绳张紧开关;

4）当额定速度大于 3.5m/s 时，补偿绳轮防跳开关；
5）轿厢安全窗（如果有）开关；
6）安全门、底坑、检修活板门（如果有）的开关；
7）对可拆卸式紧急操作装置所需要的安全开关；
8）悬挂钢丝绳（链条）为两根时，防松动安全开关。

4.11.2 限速器安全钳联动试验必须符合下列规定：

 1 限速器与安全钳电气开关在联动试验中必须动作可靠，且应使驱动主机立即制动；

 2 对瞬时式安全钳，轿厢应载有均匀分布的额定载重量；对渐进式安全钳，轿厢应载有均匀分布的 125%额定载重量。当短接限速器及安全钳电气开关，轿厢以检修速度下行，人为使限速器机械动作时，安全钳应可靠动作，轿厢必须可靠制动，且轿底倾斜度不应大于 5%。

4.11.3 层门与轿门的试验必须符合下列规定：

 1 每层层门必须能够用三角钥匙正常开启；

 2 当一个层门或轿门（在多扇门中任何一扇门）非正常打开时，电梯严禁启动或继续运行。

4.11.4 曳引式电梯的曳引能力试验必须符合下列规定：

 1 轿厢在行程上部范围空载上行及行程下部范围载有 125%额定载重量下行，分别停层 3 次以上，轿厢必须可靠地制停（空载上行工况应平层）。轿厢载有 125%额定载重量以正常运行速度下行时，切断电动机与制动器供电，电梯必须可靠制动。

 2 当对重完全压在缓冲器上，且驱动主机按轿厢上行方向连续运转时，空载轿厢严禁向上提升。

一 般 项 目

4.11.5 曳引式电梯的平衡系数应为 0.4~0.5。

4.11.6 电梯安装后应进行运行试验；轿厢分别在空载、额定载荷工况下，按产品设计规定的每小时启动次数和负载持续率各运行1000次（每天不少于8h），电梯应运行平稳、制动可靠、连续运行无故障。

4.11.7 噪声检验应符合下列规定：

 1 机房噪声：对额定速度小于等于4m/s的电梯，不应大于80dB（A）；对额定速度大于4m/s的电梯，不应大于85dB（A）。

 2 乘客电梯和病床电梯运行中轿内噪声：对额定速度小于等于4m/s的电梯，不应大于55dB（A）；对额定速度大于4m/s的电梯，不应大于60dB（A）。

 3 乘客电梯和病床电梯的开关门过程噪声不应大于65dB（A）。

4.11.8 平层准确度检验应符合下列规定：

 1 额定速度小于等于0.63m/s的交流双速电梯，应在±15mm的范围内；

 2 额定速度大于0.63m/s且小于等于1.0m/s的交流双速电梯，应在±30mm的范围内；

 3 其他调速方式的电梯，应在±15mm的范围内。

4.11.9 运行速度检验应符合下列规定：

 当电源为额定频率和额定电压、轿厢载有50%额定载荷时，向下运行至行程中段（除去加速加减速段）时的速度，不应大于额定速度的105%，且不应小于额定速度的92%。

4.11.10 观感检查应符合下列规定：

 1 轿门带动层门开、关运行，门扇与门扇、门扇与门套、门扇与门楣、门扇与门口处轿壁、门扇下端与地坎应无刮碰现象；

 2 门扇与门扇、门扇与门套、门扇与门楣、门扇与门口处轿壁、门扇下端与地坎之间各自的间隙在整个长度上应基本一致；

 3 对机房（如果有）、导轨支架、底坑、轿顶、轿内、轿门、层门及门地坎等部位应进行清理。

5 液压电梯安装工程质量验收

5.1 设备进场验收

主 控 项 目

5.1.1 随机文件必须包括下列资料:
　　1　土建布置图;
　　2　产品出厂合格证;
　　3　门锁装置、限速器(如果有)、安全钳(如果有)及缓冲器(如果有)的型式试验合格证书复印件。

一 般 项 目

5.1.2 随机文件还应包括下列资料:
　　1　装箱单;
　　2　安装、使用维护说明书;
　　3　动力电路和安全电路的电气原理图;
　　4　液压系统原理图。
5.1.3 设备零部件应与装箱单内容相符。
5.1.4 设备外观不应存在明显的损坏。

5.2 土建交接检验

5.2.1 土建交接检验应符合本规范第4.2节的规定。

5.3 液 压 系 统

主 控 项 目

5.3.1 液压泵站及液压顶升机构的安装必须按土建布置图进行。

顶升机构必须安装牢固，缸体垂直度严禁大于 0.4‰。

一 般 项 目

5.3.2 液压管路应可靠联接，且无渗漏现象。
5.3.3 液压泵站油位显示应清晰、准确。
5.3.4 显示系统工作压力的压力表应清晰、准确。

5.4 导 轨

5.4.1 导轨安装应符合本规范第 4.4 节的规定。

5.5 门 系 统

5.5.1 门系统安装应符合本规范第 4.5 节的规定。

5.6 轿 厢

5.6.1 轿厢安装应符合本规范第 4.6 节的规定。

5.7 平 衡 重

5.7.1 如果有平衡重，应符合本规范第 4.7 节的规定。

5.8 安 全 部 件

5.8.1 如果有限速器、安全钳或缓冲器，应符合本规范第 4.8 节的有关规定。

5.9 悬挂装置、随行电缆

主 控 项 目

5.9.1 如果有绳头组合，必须符合本规范第 4.9.1 条的规定。
5.9.2 如果有钢丝绳，严禁有死弯。
5.9.3 当轿厢悬挂在两根钢丝绳或链条上，其中一根钢丝绳或链条发生异常相对伸长时，为此装设的电气安全开关必须动作可靠。对具有两个或多个液压顶升机构的液压电梯，每一组悬挂钢丝绳均应符合上述要求。

5.9.4 随行电缆严禁有打结和波浪扭曲现象。

一 般 项 目

5.9.5 如果有钢丝绳或链条，每根张力与平均值偏差不应大于5%。

5.9.6 随行电缆的安装还应符合下列规定：
 1 随行电缆端部应固定可靠。
 2 随行电缆在运行中应避免与井道内其他部件干涉。当轿厢完全压在缓冲器上时，随行电缆不得与底坑地面接触。

5.10 电气装置

5.10.1 电气装置安装应符合本规范第4.10节的规定。

5.11 整机安装验收

主 控 项 目

5.11.1 液压电梯安全保护验收必须符合下列规定：
 1 必须检查以下安全装置或功能：
  1）断相、错相保护装置或功能
   当控制柜三相电源中任何一相断开或任何二相错接时，断相、错相保护装置或功能应使电梯不发生危险故障。
   注：当错相不影响电梯正常运行时可没有错相保护装置或功能。
  2）短路、过载保护装置
   动力电路、控制电路、安全电路必须有与负载匹配的短路保护装置；动力电路必须有过载保护装置。
  3）防止轿厢坠落、超速下降的装置
   液压电梯必须装有防止轿厢坠落、超速下降的装置，且各装置必须与其型式试验证书相符。

4）门锁装置

门锁装置必须与其型式试验证书相符。

5）上极限开关

上极限开关必须是安全触点，在端站位置进行动作试验时必须动作正常。它必须在柱塞接触到其缓冲制停装置之前动作，且柱塞处于缓冲制停区时保持动作状态。

6）机房、滑轮间（如果有）、轿顶、底坑停止装置

位于轿顶、机房、滑轮间（如果有）、底坑的停止装置的动作必须正常。

7）液压油温升保护装置

当液压油达到产品设计温度时，温升保护装置必须动作，使液压电梯停止运行。

8）移动轿厢的装置

在停电或电气系统发生故障时，移动轿厢的装置必须能移动轿厢上行或下行，且下行时还必须装设防止顶升机构与轿厢运动相脱离的装置。

2 下列安全开关，必须动作可靠：

1）限速器（如果有）张紧开关；

2）液压缓冲器（如果有）复位开关；

3）轿厢安全窗（如果有）开关；

4）安全门、底坑门、检修活板门（如果有）的开关；

5）悬挂钢丝绳（链条）为两根时，防松动安全开关。

5.11.2 限速器（安全绳）安全钳联动试验必须符合下列规定：

1 限速器（安全绳）与安全钳电气开关在联动试验中必须动作可靠，且应使电梯停止运行。

2 联动试验时轿厢载荷及速度应符合下列规定：

1）当液压电梯额定载重量与轿厢最大有效面积符合表5.11.2的规定时，轿厢应载有均匀分布的额定载重量；当液压电梯额定载重量小于表5.11.2规定的轿

厢最大有效面积对应的额定载重量时，轿厢应载有均匀分布的125%的液压电梯额定载重量，但该载荷不应超过表5.11.2规定的轿厢最大有效面积对应的额定载重量；

  2）对瞬时式安全钳，轿厢应以额定速度下行；对渐进式安全钳，轿厢应以检修速度下行。

  3 当装有限速器安全钳时，使下行阀保持开启状态（直到钢丝绳松弛为止）的同时，人为使限速器机械动作，安全钳应可靠动作，轿厢必须可靠制动，且轿底倾斜度不应大于5%。

  4 当装有安全绳安全钳时，使下行阀保持开启状态（直到钢丝绳松弛为止）的同时，人为使安全绳机械动作，安全钳应可靠动作，轿厢必须可靠制动，且轿底倾斜度不应大于5%。

表5.11.2 额定载重量与轿厢最大有效面积之间关系

额定载重量(kg)	轿厢最大有效面积(m^2)	额定载重量(kg)	轿厢最大有效面积(m^2)	额定载重量(kg)	轿厢最大有效面积(m^2)	额定载重量(kg)	轿厢最大有效面积(m^2)
100[1]	0.37	525	1.45	900	2.20	1275	2.95
180[2]	0.58	600	1.60	975	2.35	1350	3.10
225	0.70	630	1.66	1000	2.40	1425	3.25
300	0.90	675	1.75	1050	2.50	1500	3.40
375	1.10	750	1.90	1125	2.65	1600	3.56
400	1.17	800	2.00	1200	2.80	2000	4.20
450	1.30	825	2.05	1250	2.90	2500[3]	5.00

注：1 一人电梯的最小值；
  2 二人电梯的最小值；
  3 额定载重量超过2500kg时，每增加100kg面积增加0.16m^2，对中间的载重量其面积由线性插入法确定。

5.11.3 层门与轿门的试验符合下列规定：

层门与轿门的试验必须符合本规范第4.11.3条的规定。

5.11.4 超载试验必须符合下列规定：

当轿厢载有120%额定载荷时液压电梯严禁启动。

一 般 项 目

5.11.5 液压电梯安装后应进行运行试验；轿厢在额定载重量工况下，按产品设计规定的每小时启动次数运行1000次（每天不少于8h），液压电梯应平稳、制动可靠、连续运行无故障。

5.11.6 噪声检验应符合下列规定：

1 液压电梯的机房噪声不应大于85dB（A）；

2 乘客液压电梯和病床液压电梯运行中轿内噪声不应大于55dB（A）；

3 乘客液压电梯和病床液压电梯的开关门过程噪声不应大于65dB（A）。

5.11.7 平层准确度检验应符合下列规定：

液压电梯平层准确度应在±15mm范围内。

5.11.8 运行速度检验应符合下列规定：

空载轿厢上行速度与上行额定速度的差值不应大于上行额定速度的8%；载有额定载重量的轿厢下行速度与下行额定速度的差值不应大于下行额定速度的8%。

5.11.9 额定载重量沉降量试验应符合下列规定：

载有额定载重量的轿厢停靠在最高层站时，停梯10min，沉降量不应大于10mm，但因油温变化而引起的油体积缩小所造成的沉降不包括在10mm内。

5.11.10 液压泵站溢流阀压力检查应符合下列规定：

液压泵站上的溢流阀应设定在系统压力为满载压力的140%～170%时动作。

5.11.11 超压静载试验应符合下列规定：

将截止阀关闭，在轿内施加200%的额定载荷，持续5min后，液压系统应完好无损。

5.11.12 观感检查应符合本规范第4.11.10条的规定。

6 自动扶梯、自动人行道安装工程质量验收

6.1 设备进场验收

主 控 项 目

6.1.1 必须提供以下资料：
1 技术资料
   1）梯级或踏板的型式试验报告复印件，或胶带的断裂强度证明文件复印件；
   2）对公共交通型自动扶梯、自动人行道应有扶手带的断裂强度证书复印件。
2 随机文件
   1）土建布置图；
   2）产品出厂合格证。

一 般 项 目

6.1.2 随机文件还应提供以下资料：
1 装箱单；
2 安装、使用维护说明书；
3 动力电路和安全电路的电气原理图。

6.1.3 设备零部件应与装箱单内容相符。

6.1.4 设备外观不应存在明显的损坏。

6.2 土建交接检验

主 控 项 目

6.2.1 自动扶梯的梯级或自动人行道的踏板或胶带上空，垂直

净高度严禁小于 2.3m。

6.2.2 在安装之前,井道周围必须设有保证安全的栏杆或屏障,其高度严禁小于 1.2m。

一 般 项 目

6.2.3 土建工程应按照土建布置图进行施工,且其主要尺寸允许误差应为:

提升高度 −15~+15mm;跨度 0~+15mm。

6.2.4 根据产品供应商的要求应提供设备进场所需的通道和搬运空间。

6.2.5 在安装之前,土建施工单位应提供明显的水平基准线标识。

6.2.6 电源零线和接地线应始终分开。接地装置的接地电阻值不应大于 4Ω。

6.3 整机安装验收

主 控 项 目

6.3.1 在下列情况下,自动扶梯、自动人行道必须自动停止运行,且第 4 款至第 11 款情况下的开关断开的动作必须通过安全触点或安全电路来完成。

1 无控制电压;

2 电路接地的故障;

3 过载;

4 控制装置在超速和运行方向非操纵逆转下动作;

5 附加制动器(如果有)动作;

6 直接驱动梯级、踏板或胶带的部件(如链条或齿条)断裂或过分伸长;

7 驱动装置与转向装置之间的距离(无意性)缩短;

8 梯级、踏板或胶带进入梳齿板处有异物夹住,且产生损坏梯级、踏板或胶带支撑结构；

　　9 无中间出口的连续安装的多台自动扶梯、自动人行道中的一台停止运行；

　　10 扶手带入口保护装置动作；

　　11 梯级或踏板下陷。

6.3.2 应测量不同回路导线对地的绝缘电阻。测量时，电子元件应断开。导体之间和导体对地之间的绝缘电阻应大于 $1000\Omega/V$，且其值必须大于：

　　1 动力电路和电气安全装置电路 $0.5M\Omega$；

　　2 其他电路（控制、照明、信号等）$0.25M\Omega$。

6.3.3 电气设备接地必须符合本规范第 4.10.1 条的规定：

一 般 项 目

6.3.4 整机安装检查应符合下列规定：

　　1 梯级、踏板、胶带的楞齿及梳齿板应完整、光滑；

　　2 在自动扶梯、自动人行道入口处应设置使用须知的标牌；

　　3 内盖板、外盖板、围裙板、扶手支架、扶手导轨、护壁板接缝应平整。接缝处的凸台不应大于 0.5mm；

　　4 梳齿板梳齿与踏板面齿槽的啮合深度不应小于 6mm；

　　5 梳齿板梳齿与踏板面齿槽的间隙不应小于 4mm；

　　6 围裙板与梯级、踏板或胶带任何一侧的水平间隙不应大于 4mm，两边的间隙之和不应大于 7mm。当自动人行道的围裙板设置在踏板或胶带之上时，踏板表面与围裙板下端之间的垂直间隙不应大于 4mm。当踏板或胶带有横向摆动时，踏板或胶带的侧边与围裙板垂直投影之间不得产生间隙。

　　7 梯级间或踏板间的间隙在工作区段内的任何位置，从踏面测得的两个相邻梯级或两个相邻踏板之间的间隙不应大于 6mm。在自动人行道过渡曲线区段，踏板的前缘和相邻踏板的后缘啮合，其间隙不应大于 8mm；

　　8 护壁板之间的空隙不应大于 4mm。

6.3.5 性能试验应符合下列规定:

1 在额定频率和额定电压下,梯级、踏板或胶带沿运行方向空载时的速度与额定速度之间的允许偏差为±5%;

2 扶手带的运行速度相对梯级、踏板或胶带的速度允许偏差为0~+2%。

6.3.6 自动扶梯、自动人行道制动试验应符合下列规定:

1 自动扶梯、自动人行道应进行空载制动试验,制停距离应符合表6.3.6-1的规定。

表6.3.6-1 制 停 距 离

额定速度 (m/s)	制停距离范围(m)	
	自动扶梯	自动人行道
0.5	0.20~1.00	0.20~1.00
0.65	0.30~1.30	0.30~1.30
0.75	0.35~1.50	0.35~1.50
0.90	—	0.40~1.70
注:若速度在上述数值之间,制停距离用插入法计算。制停距离应从电气制动装置动作开始测量。		

2 自动扶梯应进行载有制动载荷的制停距离试验(除非制停距离可以通过其他方法检验),制动载荷应符合表6.3.6-2规定,制停距离应符合表6.3.6-1的规定;对自动人行道,制造商应提供接载有表6.3.6-2规定的制动载荷计算的制停距离,且制停距离应符合表6.3.6-1的规定。

表6.3.6-2 制 动 载 荷

梯级、踏板或胶带的名义宽度 (m)	自动扶梯每个梯级上的载荷 (kg)	自动人行道每0.4m长度上的载荷 (kg)
$z \leqslant 0.6$	60	50
$0.6 < z \leqslant 0.8$	90	75
$0.8 < z \leqslant 1.1$	120	100
注:1 自动扶梯受载的梯级数量由提升高度除以最大可见梯级踢板高度求得,在试验时允许将总制动载荷分布在所求得的2/3的梯级上; 2 当自动人行道倾斜角度不大于6°,踏板或胶带的名义宽度大于1.1m时,宽度每增加0.3m,制动载荷应在每0.4m长度上增加25kg; 3 当自动人行道在长度范围内有多个不同倾斜角度(高度不同)时,制动载荷应仅考虑到那些能组合成最不利载荷的水平区段和倾斜区段。		

6.3.7 电气装置还应符合下列规定：

1 主电源开关不应切断电源插座、检修和维护所必需的照明电源。

2 配线应符合本规范第 4.10.4、4.10.5、4.10.6 条的规定。

6.3.8 观感检查应符合下列规定：

1 上行和下行自动扶梯、自动人行道，梯级、踏板或胶带与围裙板之间应无刮碰现象（梯级、踏板或胶带上的导向部分与围裙板接触除外），扶手带外表面应无刮痕。

2 对梯级（踏板或胶带）、梳齿板、扶手带、护壁板、围裙板、内外盖板、前沿板及活动盖板等部位的外表面应进行清理。

7 分部(子分部)工程质量验收

7.0.1 分项工程质量验收合格应符合下列规定:

1 各分项工程中的主控项目应进行全验,一般项目应进行抽验,且均应符合合格质量规定。可按附录C表C记录。

2 应具有完整的施工操作依据、质量检查记录。

7.0.2 分部(子分部)工程质量验收合格应符合下列规定:

1 子分部工程所含分项工程的质量均应验收合格且验收记录应完整。子分部可按附录D表D记录;

2 分部工程所含子分部工程的质量均应验收合格。分部工程质量验收可按附录E表E记录汇总;

3 质量控制资料应完整;

4 观感质量应符合本规范要求。

7.0.3 当电梯安装工程质量不合格时,应按下列规定处理:

1 经返工重做、调整或更换部件的分项工程,应重新验收;

2 通过以上措施仍不能达到本规范要求的电梯安装工程,不得验收合格。

附录 A 土建交接检验记录表

表 A 土建交接检验记录表

工程名称				
安装地点				
产品合同号/安装合同号			梯号	
施工单位			项目负责人	
安装单位			项目负责人	
监理（建设）单位			监理工程师/项目负责人	
执行标准名称及编号				

	检 验 项 目	检 验 结 果	
		合 格	不合格
主控项目			
一般项目			

验 收 结 论			
参加验收单位	施工单位	安装单位	监理（建设）单位
	项目负责人： 年 月 日	项目负责人： 年 月 日	监理工程师： (项目负责人) 年 月 日

附录B 设备进场验收记录表

表B 设备进场验收记录表

工程名称			
安装地点			
产品合同号/安装合同号		梯 号	
电梯供应商		代 表	
安装单位		项目负责人	
监理（建设）单位		监理工程师/项目负责人	
执行标准名称及编号			

检验项目	检验结果	
	合格	不合格
主控项目		
一般项目		

验 收 结 论		
参加验收单位	电梯供应商	安装单位	监理（建设）单位
	代表： 年 月 日	项目负责人： 年 月 日	监理工程师： （项目负责人） 年 月 日

附录C 分项工程质量验收记录表

表C　　　　　　　　分项工程质量验收记录表

工程名称				
安装地点				
产品合同号/安装合同号		梯　号		
安装单位		项目负责人		
监理（建设）单位		监理工程师/项目负责人		
执行标准名称及编号				
检验项目			检验结果	
			合格	不合格
主控项目				
一般项目				
验收结论				
参加验收单位	安装单位		监理（建设）单位	
	项目负责人： 　　　　　年 月 日		监理工程师： (项目负责人) 　　　　　年 月 日	

附录D 子分部工程质量验收记录表

表D 子分部工程质量验收记录表

工程名称			
安装地点			
产品合同号/安装合同号		梯号	
安装单位		项目负责人	
监理（建设）单位		监理工程师/项目负责人	

序号	分项工程名称	检验结果	
		合格	不合格

验 收 结 论		
参加验收单位	安装单位	监理（建设）单位
	项目负责人： 年 月 日	总监理工程师： (项目负责人) 年 月 日

附录 E 分部工程质量验收记录表

表 E   **分部工程质量验收记录表**

工程名称				
安装地点				
监理（建设）单位			监理工程师/项目负责人	
子分部工程名称			检验结果	
			合格	不合格
合同号	梯 号	安装单位		
验 收 结 论				
监理（建设）单位				

总监理工程师：
（项目负责人）

年 月 日

本规范用词说明

1 为便于在执行本规范条文时区别对待,对要求严格程度不同的用词说明如下:

1) 表示很严格,非这样做不可的用词:

正面词采用"必须";

反面词采用"严禁"。

2) 表示严格,在正常情况均应这样做的用词:

正面词采用"应";

反面词采用"不应"或"不得"。

3) 表示允许稍有选择,在条件许可时,首先应这样做的用词:

正面词采用"宜";反面词采用"不宜"。

表示允许有选择,在一定条件下可以这样做的,采用"可"。

2 在条文中按指定的标准、规范执行时,写法为"应符合……的规定"或"应按……的规定执行"。

中华人民共和国国家标准

电梯工程施工质量验收规范

GB 50310—2002

条 文 说 明

目　次

1 总则 ………………………………………………… 229
2 术语 ………………………………………………… 230
3 基本规定 …………………………………………… 231
4 电力驱动的曳引式或强制式电梯安装工程质量验收 …… 232
5 液压电梯安装工程质量验收 ……………………… 234
6 自动扶梯、自动人行道安装工程质量验收 ………… 235

1 总　　则

1.0.1 本条说明制订本规范的目的。

电梯作为重要的建筑设备，其总装配是在施工现场完成，电梯安装工程质量对于提高工程的整体质量水平至关重要。《电梯工程施工质量验收规范》是十四个工程质量验收规范的重要组成部分，是与《建设工程质量管理条例》系列配套的标准规范。

由于电梯安装工程技术的发展、电梯产品标准的修订及工程标准体系的改革，现有的电梯安装工程标准《电梯安装工程质量检验评定标准》GBJ 310—88、《电气装置安装工程 电梯电气装置施工及验收规范》GB 50182—93 已不能满足电梯安装工程的需要。另外，对于液压电梯子分部工程及自动扶梯、自动人行道子分部工程还没有制订安装工程质量验收依据，因此本规范的制订，在提高工程的整体质量、减少质量纠纷、保证电梯产品正常使用、延长电梯使用寿命等方面均具有重要意义。

2 术 语

2.0.1~2.0.3 列出了理解和执行本规范应掌握的几个基本的术语。本规范中的"电梯"是电力驱动的曳引式或强制式电梯、液压电梯及自动扶梯和自动人行道的总称。

3 基本规定

3.0.1 本条规定了电梯安装单位施工现场的质量管理应包括的内容。

  1 安装工艺是指在施工现场指导安装人员完成作业的技术文件，安装工艺也可以称作安装手册或安装说明书。

  2 安装工程过程控制制度是指电梯安装单位为了实现过程控制，所制订的上、下工序之间验收的规程。

3.0.3 本条规定了电梯安装工程质量验收的要求。

  5 有关单位是指监理单位、建设单位。

4 电力驱动的曳引式或强制式电梯安装工程质量验收

4.1 设备进场验收

设备进场验收是保证电梯安装工程质量的重要环节之一。全面、准确地进行进场验收能够及时发现问题,解决问题,为即将开始的电梯安装工程奠定良好的基础,也是体现过程控制的必要手段。

4.1.1~4.1.2 随机文件是电梯产品供应商应移交给建设单位及安装单位的文件,这些文件应针对所安装的电梯产品,应能指导电梯安装人员顺利、准确地进行安装作业,是保证电梯安装工程质量的关键。

4.1.1

3 因为门锁装置、限速器、安全钳、缓冲器是保证电梯安全的部件,因此在设备进场阶段必须提供由国家指定部门出具的型式试验合格证复印件。

4.1.2

3 电气原理图是电气装置分项工程安装、接线、调试及交付使用后维修必备的文件。

4.1.4 本条规定电梯设备进场时应进行观感检查,损坏是指因人为或意外而造成明显的凹凸、断裂、永久变形、表面涂层脱落等缺陷。

4.2 土建交接检验

4.2.1~4.2.5 是保证电梯安装工程顺利进行和确保电梯安装工程质量的重要环节。

4.3 驱动主机

4.3.1 为了紧急救援操作时，正确、安全、方便地进行救援工作。

4.4 导　　轨

4.4.3 根据技术的发展，增加了用锚栓（如膨胀螺栓等）固定导轨支架的安装方式。

4.5 门　系　统

4.5.5 要求安装人员应将门刀与地坎，门锁滚轮与地坎间隙调整正确。避免在电梯运行时，出现摩擦、碰撞。

4.6 轿　　厢

4.6.3 警示性标识可采用警示性颜色或警示性标语、标牌。

4.8 安 全 部 件

4.8.1 为防止其他人员调整限速器、改变动作速度，造成安全错误动作或达到动作速度而不能动作。

4.8.2 为防止其他人员调整安全钳，造成其失去应有作用。

4.11 整机安装验收

4.11.3 层门与轿门联锁是防止发生坠落、剪切的安全保护。

5 液压电梯安装工程质量验收

5.11 整机安装验收

5.11.5 电梯每完成一个启动、正常运行、停止过程计数一次。

6 自动扶梯、自动人行道安装工程质量验收

6.3.6 对于倾斜角度大于6°的自动人行道,踏板或胶带的名义宽度不应大于1.1m。

附录二：《电梯工程施工质量验收规范》GB 50310-2002第一版第一、二次印刷勘误表

序号	条、款号和页码	错误内容	正确内容
1	第5.11.4条 第21页	5.11.4 超载试验必须符合下列规定：当轿厢载有120%额定载荷时液压电梯严禁启动。	5.11.4 超载试验必须符合下列规定：当轿厢载荷达到110%的额定载重量，且10%的额定载重量的最小值按75kg计算时，液压电梯严禁启动。
2	第5.11.11条 第21页	5.11.11 超压静载试验应符合下列规定：将截止阀关闭，在轿内施加200%的额定载荷，持续5min后，液压系统应完好无损。	5.11.11 压力试验应符合下列规定：轿厢停靠在最高层站，在液压顶升机构和截止阀之间施加200%的满载压力，持续5min后，液压系统应完好无损。
3	第6.3.4条第5款第24页	5. 梳齿板梳齿与踏板面齿槽的间隙不应小于4mm;	5. 梳齿板梳齿与踏板面齿槽的间隙不应大于4mm;
4	第6.3.6条第2款第25页	2. 自动扶梯应进行载有制动载荷的制停距离试验（除非制停距离可以通过其他方法检验），……。	2. 自动扶梯应进行载有制动载荷的下行制停距离试验（除非制停距离可以通过其他方法检验），……。

附录三：验收记录推荐样表

说　明

根据建设部标准定额司 2002 年 5 月 17-23 日在成都组织召开"工程施工质量验收系列规范组长会议"上的要求，我们编制了验收记录用推荐样表(以下简称《推荐样表》)。《推荐样表》是在本规范附录 A~E 验收记录表基础上编写而成，在分项工程验收记录表"检验项目"栏中填上了本规范规定的主控项目、一般项目的内容简化描述和条文号，在子分部工程验收记录表中填上了分项工程名称，适当调整表格形式，另外根据建设部标准定额司此次会议纪要，增加了表号，以便加强工程技术档案现代化管理。

为了便于工程技术人员参考借鉴《推荐样表》，在本规范附录 A~E 验收记录表填写说明基础上(见第 9 章)，增加以下几点说明：

1　分项工程验收记录表中"安装单位检查记录"栏

　　1.1　对定量项目直接填写检查的数据值；
　　1.2　对定性项目，当符合本规范时，采用"√"符号标注；否则，采用"×"符号标注。
　　1.3　对既有定量又有定性项目，各个子项目均符合本规范时，采用"√"符号标注；否则，采用"×"符号标注。

2　分项工程验收记录表中"监理(建设)单位验收记录"栏

2.1 当主控项目均符合本规范规定时,在主控项目验收记录栏填写"合格";

2.2 当一般项目均符合本规范规定时,在一般项目验收记录栏填写"合格"。

3 分项工程验收记录表中"安装单位检查结果"栏

3.1 安装单位自检合格后,填写"主控项目、一般项目全部合格";

3.2 安装工、安装班组长栏应由本人签字。

4 表号

表的右上角的8位数字为表号(表的编号),如图A2-1所示,代表分部工程、子分部工程、分项工程、梯号(子分部工程的序号),对于具体的电梯安装工程表号应是唯一的。

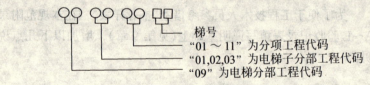

图 A2-1 表号示意图

4.1 左数表号第1、2位是"分部工程"代码,按照《统一标准》附录B表B.0.1"建筑工程分部工程、分项工程划分"中分部工程的排列序号,由于电梯分部工程排在第9,因此电梯分部工程代码为09。

4.2 左数表号第3、4位是"子分部工程"代码,按照《统一标准》附录B表B.0.1"建筑工程分部工程、分项工程划分"中电梯子分部工程的排列序号,电力驱动的曳引式或强制式电梯代码为 01；液压电梯代码为 02；自动扶梯、自动人行道子分部安装工程代码为 03。

4.3 左数表号第 5、6 位是分项工程的代码，其值为 01 至 11。按照《统一标准》附录 B 表 B.0.1"建筑工程分部工程、分项工程划分"中电梯子分部工程的各分项工程的排列顺序，分项工程的代码见表 A2-1 所示。当第 5、6 位为"00"时，此表为该子分部工程的验收记录表。

表 A2-1 各子分部工程的分项工程

电力驱动的曳引式或强制式电梯		液压电梯		自动扶梯、自动人行道	
分项工程名称	代码	分项工程名称	代码	分项工程名称	代码
设备进场验收	01	设备进场验收	01	设备进场验收	01
土建交接检验	02	土建交接检验	02	土建交接检验	02
驱动主机	03	液压系统	03	整机安装验收	03
导轨	04	导轨	04		
门系统	05	门系统	05		
轿厢	06	轿厢	06		
对重（平衡重）	07	平衡重	07		
安全部件	08	安全部件	08		
悬挂装置、随行电缆、补偿装置	09	悬挂装置、随行电缆	09		
电气装置	10	电气装置	10		
整机安装验收	11	整机安装验收	11		

4.4 左数表号第 7、8 位即□□代表梯号，是每个具体电梯工程的编号，数值为 01 至 99，根据合同或现场具体位置确定，在电梯分部工程中一个电梯子分部工程的梯号应是唯一。

电力驱动的曳引式或强制式电梯安装工程
设备进场验收记录表
GB 50310－2002

090101□□

单位(子单位)工程名称					
产品合同号/安装合同号				梯　号	
安装单位				项目负责人	
监理(建设)单位				总监理工程师 (项目负责人)	
安装执行标准名称及编号					
施工质量验收规范的规定				安装单位检查记录	监理(建设) 单位验收记录
主控项目	1	随机文件必须包括	1)土建布置图	第4.1.1条	
			2)产品出厂合格证		
			3)门锁装置、限速器、安全钳及缓冲器的型式试验证书复印件		
一般项目	1	随机文件还应包括	1)装箱单	第4.1.2条	
			2)安装、使用维护说明书		
			3)动力和安全电路的电气原理图		
	2	设备零部件应与装箱单	内容相符	第4.1.3条	
	3	设备外观	无明显损坏	第4.1.4条	
安装单位检查结果	安装工			安装班组长	
	项目负责人：				年　月　日
监理(建设)单位验收结论	监理工程师： (项目技术负责人)				年　月　日

电力驱动的曳引式或强制式电梯或液压电梯安装工程
土建交接检验记录表
GB 50310-2002

090102□□
090202□□

单位(子单位)工程名称				
产品合同号/安装合同号			梯 号	
土建施工单位			项目负责人	
安装单位			项目负责人	
监理(建设)单位			总监理工程师 (项目负责人)	
安装执行标准名称及编号				

		施工质量验收规范的规定	安装单位检查记录	监理(建设)单位验收记录
主控项目	1	机房(如果有)内部、井道结构必须符合电梯土建布置图要求	第4.2.1条	
	2	主电源开关	第4.2.2条	
	3	井道	第4.2.3条	
一般项目	1	机房(如果有)还应符合的规定	第4.2.4条	
	2	井道还应符合的规定	第4.2.5条	

验收结论		
土建施工单位	安装单位	监理(建设)单位
参加验收单位		
项目负责人: 年 月 日	项目负责人: 年 月 日	监理工程师: (项目技术负责人) 年 月 日

电力驱动的曳引式或强制式电梯安装工程
驱动主机验收记录表
GB 50310-2002

090103□□

单位(子单位)工程名称			
产品合同号/安装合同号		梯 号	
安装单位		项目负责人	
监理(建设)单位		总监理工程师 (项目负责人)	
安装执行标准名称及编号			

		施工质量验收规范的规定		安装单位检查记录	监理(建设) 单位验收记录
主控项目	1	紧急操作装置	第4.3.1条		
一般项目	1	驱动主机承重梁埋设	第4.3.2条		
	2	制动器及制动间隙	第4.3.3条		
	3	驱动主机、驱动主机底座与承重梁的安装	第4.3.4条		
	4	驱动主机减速箱(如果有)内油量	第4.3.5条		
	5	机房内钢丝绳与楼板孔洞	第4.3.6条		

安装单位检查结果	安装工		安装班组长	
	项目负责人:			年 月 日
监理(建设)单位 验收结论				
	监理工程师: (项目技术负责人)			年 月 日

电力驱动的曳引式或强制式电梯或液压电梯安装工程
导轨验收记录表
GB 50310—2002

090104□□
090204□□

单位(子单位)工程名称					
产品合同号/安装合同号				梯　号	
安装单位				项目负责人	
监理(建设)单位				总监理工程师 (项目负责人)	
安装执行标准名称及编号					
		施工质量验收规范的规定		安装单位检查记录	监理(建设) 单位验收记录
主控项目	1	导轨安装位置	必须符合土建布置图要求 第4.4.1条		
一般项目	1	两列导轨顶面间的距离偏差	轿厢导轨 0～+2mm	第4.4.2条		
			对重导轨 0～+3mm			
	2	导轨支架安装	第4.4.3条		
	3	每列导轨工作面(包括侧面与顶面)与安装基准线每5m的偏差	轿厢导轨和设有安全钳的对重导轨≤0.6mm	第4.4.4条		
			不设安全钳的对重导轨≤1.0mm			
	4	轿厢导轨和设有安全钳的对重(平衡重)导轨工作面接头	第4.4.5条		
	5	不设安全钳的对重(平衡重)导轨接头	接头缝隙≤1.0mm	第4.4.6条		
			接头台阶≤0.15mm			
安装单位检查结果		安装工 项目负责人：		安装班组长 　　　　　年　月　日	
监理(建设)单位 验收结论		监理工程师： (项目技术负责人)		年　月　日	

电力驱动的曳引式或强制式电梯或液压电梯安装工程
门系统验收记录表
GB 50310-2002

090105□□
090205□□

单位(子单位)工程名称				
产品合同号/安装合同号		梯　号		
安装单位		项目负责人		
监理(建设)单位		总监理工程师(项目负责人)		
安装执行标准名称及编号				
	施工质量验收规范的规定		安装单位检查记录	监理(建设)单位验收记录
主控项目	1	层门地坎至轿厢地坎之间的水平距离	第4.5.1条		
	2	层门强迫关门装置	第4.5.2条		
	3	动力操纵的水平滑动门阻止关门的力	第4.5.3条		
	4	层门锁钩动作与锁紧元件的最小啮合	第4.5.4条		
一般项目	1	门刀与层门地坎、门锁滚轮与轿厢地坎间隙	第4.5.5条		
	2	层门地坎水平度及地坎高出装修地面	第4.5.6条		
	3	层门指示灯盒、召唤盒和消防开关盒的安装	第4.5.7条		
	4	门扇与相邻部件之间的间隙	第4.5.8条		
安装单位检查结果	安装工 项目负责人：		安装班组长 年　月　日	
监理(建设)单位验收结论	监理工程师：(项目技术负责人)			年　月　日

电力驱动的曳引式或强制式电梯或液压电梯安装工程
轿厢验收记录表

GB 50310－2002

090106□□
090206□□

单位(子单位)工程名称			
产品合同号/安装合同号		梯　号	
安装单位		项目负责人	
监理(建设)单位		总监理工程师 (项目负责人)	
安装执行标准名称及编号			

		施工质量验收规范的规定		安装单位检查记录	监理(建设) 单位验收记录
主控项目	1	当距轿底面在1.1m以下使用玻璃轿壁时，扶手高度及固定	第4.6.1条		
一般项目	1	轿厢有反绳轮时	第4.6.2条		
	2	轿顶防护栏	第4.6.3条		

安装单位检查结果	安装工　　　　　　　　　　安装班组长 项目负责人：　　　　　　　　　　　　　年　月　日
监理(建设)单位 验收结论	 监理工程师： (项目技术负责人)　　　　　　　　　　　年　月　日

247

电力驱动的曳引式或强制式电梯或液压电梯安装工程
对重(平衡重)验收记录表

GB 50310—2002

090107□□
090207□□

单位(子单位)工程名称			
产品合同号/安装合同号		梯　　号	
安装单位		项目负责人	
监理(建设)单位		总监理工程师 (项目负责人)	
安装执行标准名称及编号			

		施工质量验收规范的规定	安装单位检查记录	监理(建设) 单位验收记录
主控项目		/	/	/
一般项目	1	当对重(平衡重)架有反绳轮时的规定	第4.7.1条	
	2	墩重(平衡重)块的固定	第4.7.2条	

	安装工		安装班组长	
安装单位检查结果	项目负责人：			年　月　日
监理(建设)单位 验收结论	监理工程师： (项目技术负责人)			年　月　日

电力驱动的曳引式或强制式电梯或液压电梯安装工程
安全部件验收记录表

GB 50310-2002

090108□□
090208□□

单位(子单位)工程名称				
产品合同号/安装合同号			梯 号	
安装单位			项目负责人	
监理(建设)单位			总监理工程师 (项目负责人)	
安装执行标准名称及编号				
		施工质量验收规范的规定	安装单位检查记录	监理(建设) 单位验收记录
主控项目	1	限速器动作速度整定封记	第4.8.1条	
	2	安全钳可调节时,其整定封记	第4.8.2条	
一般项目	1	限速器张紧装置与其限位开关位置	第4.8.3条	
	2	安全钳与导轨的间隙	第4.8.4条	
	3	轿厢、对重的缓冲器撞板与缓冲器距离及撞板中心与缓冲器中心的偏差	第4.8.5条	
	4	液压缓冲器柱塞垂直度及充液量	第4.8.6条	

安装单位检查结果	安装工		安装班组长	
	项目负责人:			年 月 日

监理(建设)单位验收结论		
	监理工程师: (项目技术负责人)	年 月 日

电力驱动的曳引式或强制式电梯安装工程
悬挂装置、随行电缆、补偿装置验收记录表

GB 50310-2002

090109□□

单位(子单位)工程名称				
产品合同号/安装合同号			梯 号	
安装单位			项目负责人	
监理(建设)单位			总监理工程师(项目负责人)	
安装执行标准名称及编号				

		施工质量验收规范的规定	安装单位检查记录	监理(建设)单位验收记录
主控项目	1	绳头组合	第4.9.1条	
	2	钢丝绳严禁有死弯	第4.9.2条	
	3	轿厢悬挂在两根钢丝绳或链条上	第4.9.3条	
	4	随行电缆严禁有打结和波浪曲现象扭	第4.9.4条	
一般项目	1	钢丝绳张力与平均值偏差不大于5%	第4.9.5条	
	2	随行电缆的安装	第4.9.6条	
	3	补偿绳、链、缆等补偿装置的端部应固定可靠	第4.9.7条	
	4	验证偿补绳张紧的电气安全开关动作可靠,张紧轮应安防护装置	第4.9.8条	

安装单位检查结果	安装工		安装班组长	
	项目负责人:			年 月 日

监理(建设)单位验收结论	监理工程师:(项目技术负责人)	年 月 日

250

电力驱动的曳引式或强制式电梯或液压电梯安装工程
电气装置验收记录表
GB 50310-2002

090110□□
090210□□

单位(子单位)工程名称			
产品合同号/安装合同号		梯 号	
安装单位		项目负责人	
监理(建设)单位		总监理工程师 (项目负责人)	
安装执行标准名称及编号			

		施工质量验收规范的规定		安装单位检查记录	监理(建设) 单位验收记录
主控项目	1	电气设备接地	第4.10.1条		
	2	导体之间和导体对地之间的绝缘电阻	第4.10.2条		
一般项目	1	主电源开关不应切断的电路	第4.10.3条		
	2	机房和井道内的配线	第4.10.4条		
	3	导管、线槽的规定	第4.10.5条		
	4	接地支线应采用黄绿相间的绝缘导线	第4.10.6条		
	5	控制柜(屏)的安装位置	第4.10.7条		

	安装工		安装班组长	
安装单位检查结果				
	项目负责人:			年 月 日
监理(建设)单位 验收结论				
	监理工程师: (项目技术负责人)			年 月 日

电力驱动的曳引式或强制式电梯安装工程
整机安装验收记录表

GB 50310-2002

090111□□

单位(子单位)工程名称				
产品合同号/安装合同号		梯 号		
安装单位		项目负责人		
监理(建设)单位		总监理工程师(项目负责人)		
安装执行标准名称及编号				
施工质量验收规范的规定			安装单位检查记录	监理(建设)单位验收记录
主控项目	1	安全保护	第4.11.1条		
	2	限速器安全钳联动试验	第4.11.2条		
	3	层门与轿门试验	第4.11.3条		
	4	曳引式电梯的曳引能力试验	第4.11.4条		
一般项目	1	曳引式电梯的平衡系数	第4.11.5条		
	2	运行试验	第4.11.6条		
	3	噪声检验	第4.11.7条		
	4	平层准确度检验	第4.11.8条		
	5	运行速度检验	第4.11.9条		
	6	观感检查	第4.11.10条		
安装单位检查结果	安装工		安装班组长	
	项目负责人:		年 月 日	
监理(建设)单位验收结论	监理工程师:(项目技术负责人)		年 月 日	

电力驱动的曳引式或强制式电梯安装工程
子分部工程质量验收记录表

GB 50310-2002

090100□□

单位(子单位)工程名称			
产品合同号/安装合同号		梯 号	
安装单位		项目负责人	
监理(建设)单位		总监理工程师 (项目负责人)	

序号	分项工程及质量控制资料	安装单位检查记录	监理(建设) 单位验收记录
1	设备进场验收		
2	土建交接检验		
3	驱动主机		
4	导轨		
5	门系统		
6	轿厢		
7	对重(平衡重)		
8	安全部件		
9	悬挂装置、随行电缆、补偿装置		
10	电气装置		
11	整机安装验收		
12	质量控制资料		

验收结论	
安装单位	监理(建设)单位
验收单位 项目负责人： 年 月 日	总监理工程师： (项目负责人) 年 月 日

液压电梯安装工程
设备进场验收记录表

GB 50310-2002

090201□□

单位(子单位)工程名称					
产品合同号/安装合同号			梯　　号		
电梯供应商			项目负责人		
安装单位			项目负责人		
监理(建设)单位			总监理工程师 (项目负责人)		
安装执行标准名称及编号					
施工质量验收规范的规定				安装单位检查记录	监理(建设) 单位验收记录
主控项目	1	随机文件必须包括	1)土建布置图		
			2)产品出厂合格证	第5.1.1条	
			3)门锁装置、限速器、安全钳及缓冲器的型式试验证书复印件		
一般项目	1	随机文件还应包括	1)装箱单		
			2)安装、使用维护说明书	第5.1.2条	
			3)动力和安全电路的电气原理图		
			4)液压系统原理图		
	2	设备零部件应与装箱单	内容相符	第5.1.3条	
	3	设备外观	无明显损坏	第5.1.4条	
安装单位检查结果	安装工			安装班组长	
	项目负责人：				年　月　日
监理(建设)单位 验收结论	监理工程师： (项目技术负责人)				年　月　日

液压电梯安装工程
液压系统验收记录表
GB 50310-2002

090203□□

单位(子单位)工程名称			
产品合同号/安装合同号		梯 号	
安装单位		项目负责人	
监理(建设)单位		总监理工程师 (项目负责人)	
安装执行标准名称及编号			

		施工质量验收规范的规定		安装单位检查记录	监理(建设)单位验收记录
主控项目	1	液压泵站及液压顶升机构的安装	第5.3.1条		
一般项目	1	液压管路	第5.3.2条		
	2	液压泵站油位显示	第5.3.3条		
	3	显示系统工作压力的压力表	第5.3.4条		

安装单位检查结果	安装工： 安装班组长： 项目负责人： 年 月 日
监理(建设)单位 验收结论	 监理工程师： (项目技术负责人) 年 月 日

液压电梯安装工程
悬挂装置、随行电缆验收记录表

GB 50310-2002

090209□□

单位(子单位)工程名称			
产品合同号/安装合同号		梯 号	
安装单位		项目负责人	
监理(建设)单位		总监理工程师(项目负责人)	
安装执行标准名称及编号			

		施工质量验收规范的规定		安装单位检查记录	监理(建设)单位验收记录
主控项目	1	绳头组合	第5.9.1条		
	2	钢丝绳严禁有死弯	第5.9.2条		
	3	轿厢悬挂在两根钢丝绳或链条上	第5.9.3条		
	4	随行电缆严禁有打结和波浪扭曲现象	第5.9.4条		
一般项目	1	钢丝绳张力	第5.9.5条		
	2	随行电缆的安装	第5.9.6条		

安装单位检查结果	安装工		安装班组长	
	项目负责人:			年 月 日

监理(建设)单位验收结论	
	监理工程师:(项目技术负责人)　　　　　　　年 月 日

液压电梯安装工程
整机安装验收记录表
GB 50310-2002

090211□□

单位(子单位)工程名称			
产品合同号/安装合同号		梯 号	
安装单位		项目负责人	
监理(建设)单位		总监理工程师(项目负责人)	
安装执行标准名称及编号			

		施工质量验收规范的规定		安装单位检查记录	监理(建设)单位验收记录
主控项目	1	安全保护	第5.11.1条		
	2	限速器(安全绳)安全钳联动试验	第5.11.2条		
	3	层门与轿门的试验	第5.11.3条		
	4	超载试验	第5.11.4条		
一般项目	1	运行试验	第5.11.5条		
	2	噪声检验	第5.11.6条		
	3	平层准确度检验	第5.11.7条		
	4	运行速度检验	第5.11.8条		
	5	额定载重量沉降量试验	第5.11.9条		
	6	液压泵站溢流阀压力检查	第5.11.10条		
	7	超压静载试验	第5.11.11条		
	8	观感检查	第5.11.12条		

安装单位检查结果	安装工		安装班组长	
	项目负责人:			年 月 日

监理(建设)单位验收结论	监理工程师:(项目技术负责人)	年 月 日

液压电梯安装工程
子分部工程质量验收记录表

GB 50310-2002

090200□□

单位(子单位)工程名称			
产品合同号/安装合同号		梯 号	
安装单位		项目负责人	
监理(建设)单位		总监理工程师 (项目负责人)	

序号	分项工程及质量控制资料	安装单位检查记录	监理(建设)
1	设备进场验收		
2	土建交接检验		
3	液压系统		
4	导轨		
5	门系统		
6	轿厢		
7	平衡重		
8	安全部件		
9	悬挂装置、随行电缆		
10	电气装置		
11	整机安装验收		
12	质量控制资料		

验收结论		
参加验收单位	安装单位	监理(建设)单位
	项目负责人: 年 月 日	总监理工程师: (项目负责人) 年 月 日

自动扶梯、自动人行道安装工程
设备进场验收记录
GB 50310-2002

090301□□

单位(子单位)工程名称					
产品合同号/安装合同号			梯　号		
安装单位			项目负责人		
监理(建设)单位			总监理工程师 (项目负责人)		
安装执行标准名称及编号					
施工质量验收规范的规定				安装单位检查记录	监理(建设) 单位验收记录
主控项目	1	必须提供的资料	技术资料	梯级或踏板的型式试验报告复印件；或胶带的断裂强度证明文件复印件	第6.1.1条		
				对公共交通型自动扶梯、自动人行道应有扶手带的断裂强度证书复印件			
			随机文件	土建布置图			
				产品出厂合格证			
一般项目	1	随机文件还应提供的资料		装箱单	第6.1.2条		
				安装、使用维护说明书			
				动力及安全电路的电气原理图			
	2	设备零部件		应与装箱单内容相符	第6.1.3条		
	3	设备外观		不存在明显损坏	第6.1.4条		
安装单位检查结果		安装工			安装班组长	
		项目负责人：				年　月　日
监理(建设)单位 验收结论		监理工程师： (项目技术负责人)				年　月　日

自动扶梯、自动人行道安装工程
土建交接检验记录表
GB 50310-2002

090302□□

单位(子单位)工程名称				
产品合同号/安装合同号			梯 号	
土建施工单位			项目负责人	
安装单位			项目负责人	
监理(建设)单位			总监理工程师(项目负责人)	
安装执行标准名称及编号				
		施工质量验收规范的规定	安装单位检查记录	监理(建设)单位验收记录
主控项目	1	踏板或胶带上空垂直净高度 ≤2.3m 第6.2.1条		
	2	安装前井道周围的栏杆或屏障高度 ≤1.2m 第6.2.2条		
一般项目	1	土建工程 按土建布置图进行 允许偏差(mm) 提升高度-15~+15 跨度0~+15 第6.2.3条		
	2	设备进场 所需的通道和搬运空间 第6.2.4条		
	3	安装前土建单位提供 水平基准线标识 第6.2.5条		
	4	电源零线与接地线 应分开 接地装置电阻 ≯4Ω 第6.2.6条		

验收结论		
验收单位	安装单位	监理(建设)单位	
	项目负责人: 年 月 日	项目负责人: 年 月 日	总监理工程师:(项目负责人) 年 月 日

自动扶梯、自动人行道安装工程
整机安装验收记录表
GB 50310-2002

090303□□

单位(子单位)工程名称			
产品合同号/安装合同号		梯 号	
安装单位		项目负责人	
监理(建设)单位		总监理工程师 (项目负责人)	
安装执行标准名称及编号			

		施工质量验收规范的规定		安装单位检查记录	监理(建设) 单位验收记录
主控项目	1	安全保护	第6.3.1条		
	2	不同回路导线对地的绝缘电阻	第6.3.2条		
	3	电气设备接地	第6.3.3条		
一般项目	1	整机安装检查	第6.3.4条		
	2	性能试验	第6.3.5条		
	3	制动试验	第6.3.6条		
	4	电气装置	第6.3.7条		
	5	观感检查	第6.3.8条		

	安装工		安装班组长	
安装单位检查结果	项目负责人:			年 月 日
监理(建设)单位 验收结论	监理工程师: (项目技术负责人)			年 月 日

自动扶梯、自动人行道安装工程
子分部工程质量验收记录表

GB 50310-2002

090300□□

单位(子单位)工程名称			
产品合同号/安装合同号		梯 号	
安装单位		项目负责人	
监理(建设)单位		总监理工程师(项目负责人)	

序号	分项工程及质量控制资料	安装单位检查记录	监理(建设)单位验收记录
1	设备进场验收		
2	土建交接检验		
3	整机安装验收		
4	质量控制资料		

	验收结论	
验收单位	安装单位 项目负责人: 　　　　　年 月 日	总监理工程师: (项目负责人) 　　　　　年 月 日

附录四：主要参考文献

1.《电梯制造与安装安全规范》GB 7588—1995
2.《自动扶梯和自动人行道的制造与安装安全规范》GB 16899—1997
3.《建筑工程施工质量验收统一标准》GB 50300—2001
4.《Safety rules for the construction and installation of lifts – Part 1：Electric lifts》EN81－1：1998
5.《Safety rules for the construction and installation of lifts – Part 2：Hydraulic lifts》EN81－2：1998
6.《电梯技术条件》GB/T10058—1997
7.《电梯试验方法》GB/T10059—1997
8.《建设工程质量管理条例》
9.《建筑工程施工强制性条文实施指南》
10.《建筑施工高处作业安全技术规范》JGJ 80—1991